"十四五"时期国家重点出版物出版专项规划项目

极化成像与识别技术丛书

机载圆周合成孔径雷达成像处理

Imaging Processing of Airborne Circular Synthetic Aperture Radar

陈乐平　安道祥　黄晓涛　周智敏　著

国防工业出版社

·北京·

内容简介

本书是系统介绍机载圆周合成孔径雷达(CSAR)成像理论与技术的专著。从原理上揭示了CSAR能实现超高分辨率、全方位观测机制,通过非相干成像模型以及分辨率分析,阐述了非平地观测区域、机载平台下的成像问题。针对缺失数字高程数据以及低定位精度下的图像聚焦问题,介绍了基于CSAR的多层聚焦方法以及自聚焦成像方法,分析了CSAR圆周观测几何特性,以及基于CSAR开展的目标检测以及目标三维重构技术研究,并结合团队开展的多次飞行试验,形成了技术实现和试验验证的研究成果。同时,本书给出了大量CSAR实测数据处理实例,并对已有公开数据进行了详细介绍,可为机载CSAR成像技术开发和应用奠定基础。

本书所探讨的成像处理方面的知识以及CSAR图像特性,可为从事SAR成像领域以及后续图像应用的研究人员提供参考。

图书在版编目(CIP)数据

机载圆周合成孔径雷达成像处理/陈乐平等著. —北京:国防工业出版社,2023.7
ISBN 978 – 7 – 118 – 12985 – 4

Ⅰ.①机… Ⅱ.①陈… Ⅲ.①雷达成像Ⅳ.①TN957.52

中国国家版本馆CIP数据核字(2023)第106681号

※

国防工业出版社出版发行
(北京市海淀区紫竹院南路23号 邮政编码100048)
三河市众誉天成印务有限公司印刷
新华书店经售

*

开本 710×1000 1/16 印张 11¾ 字数 195千字
2023年7月第1版第1次印刷 印数1—2000册 定价 68.00元

(本书如有印装错误,我社负责调换)

国防书店:(010)88540777 书店传真:(010)88540776
发行业务:(010)88540717 发行传真:(010)88540762

《极化成像与识别技术》丛书
编审委员会

主 任 委 员	郭桂蓉
副主任委员	何 友　吕跃广　吴一戎

（按姓氏拼音排序）

委　　　员	陈志杰　崔铁军　丁赤飚　樊邦奎　胡卫东
（按姓氏拼音排序）	江碧涛　金亚秋　李 陟　刘宏伟　刘佳琪
	刘永坚　龙 腾　鲁耀兵　陆 军　马 林
	宋朝晖　苏东林　王沙飞　王永良　吴剑旗
	杨建宇　姚富强　张兆田　庄钊文

《极化成像与识别技术》丛书
编写委员会

主　　　编	王雪松
执 行 主 编	李 振
副 主 编	李永祯　杨 健　殷红成

（按姓氏拼音排序）

参　　　编	陈乐平　陈思伟　代大海　董 臻　董纯柱
（按姓氏拼音排序）	龚政辉　黄春琳　计科峰　金 添　康亚瑜
	匡纲要　李健兵　刘 伟　马佳智　孟俊敏
	庞 晨　全斯农　王 峰　王青松　肖怀铁
	邢世其　徐友根　杨 勇　殷加鹏　殷君君
	张 晰　张 焱

丛 书 序

极化一词源自英文 Polarization,在光学领域称为偏振,在雷达领域则称为极化。光学偏振现象的发现可以追溯到 1669 年丹麦科学家巴托林通过方解石晶体产生的双折射现象。偏振之父马吕斯于 1808 年利用波动光学理论完美解释了双折射现象,并证明了极化是光的固有属性,而非来自晶体的影响。19 世纪 50 年代至 20 世纪初,学者们陆续提出 Stokes 矢量、Poincaré 球、Jones 矢量和 Mueller 矩阵等数学描述来刻画光的极化现象和特性。

相对于光学,雷达领域对极化的研究则较晚。20 世纪 40 年代,研究者发现:目标受到电磁波照射时会出现变极化效应,即散射波的极化状态相对于入射波会发生改变,二者存在着特定的映射变换关系,其与目标的姿态、尺寸、结构、材料等物理属性密切相关,因此目标可以视为一个极化变换器。人们发现,目标变极化效应所蕴含的丰富物理属性对提升雷达的目标检测、抗干扰、分类和识别等各方面的能力都具有很大潜力。经过半个多世纪的发展,雷达极化学已经成为雷达科学与技术领域的一个专门学科专业,发展方兴未艾,世界各国雷达科学家和工程师们对雷达极化信息的开发利用已经深入到电磁波辐射、传播、散射、接收与处理等雷达探测全过程,极化对电磁正演/反演、微波成像、目标检测与识别等领域的理论发展和技术进步都产生了深刻影响。

总的来看,在 80 余年的发展历程中,雷达极化学主要围绕雷达极化信息获取、目标与环境极化散射机理认知以及雷达极化信息处理与应用这三个方面交融发展、螺旋上升。20 世纪四五十年代,人们发展了雷达目标极化特性测量与表征、天线极化特性分析、目标最优极化等基础理论和方法,兴起了雷达极化研究的第一次高潮。六七十年代,在当时技术条件下,雷达极化测量的实现技术难度大且代价昂贵,目标极化散射机理难以被深刻揭示,相关理论研究成果难以得到有效验证,雷达极化研究经历了一个短暂的低潮期。进入 80 年代,随着微波器件与工艺水平、数字信号处理技术的进步,雷达极化测量技术和系统接连不断获得重大突破,例如,在气象探测方面,1978 年英国的 S 波段雷达和 1983 年美国的 NCAR/CP-2 雷达先后完成极化捷变改造;在目标特性测量方面,1980 年美国研制成功极化捷变雷达,并于 1984 年又研制成功脉内极化捷变雷达;在对地观测方面,1985年美国研制出世界上第一部机载极化合成孔径雷达(SAR),等等。这一时期,雷达极化学理论与雷达系统充分结合、相互促进、共同进步,丰富和发展了雷达目标唯象学、极化滤波、极化目标分解等一大批经典的雷达极化信息处理理论,催生了雷达极化在气象探测、抗杂波和电磁干扰、目标分类识别及对地遥感等领域一批早期的技术验证与应用实践,让人们再次开始重视雷达极化信息的重要性和不可替代性,雷达极化学迎来了第二次发展高潮。90年代以来,雷达极化学受到世界各发达国家的普遍重视和持续投入,雷达极化理论进一步深化,极化测量数据更加丰富多样,极化应用愈加广泛深入。进入21世纪后,雷达极化学呈现出加速发展态势,不断在对地观测、空间监视、气象探测等众多的民用和军用领域取得令人振奋的应用成果,呈现出新的蓬勃发展的热烈局面。

在极化雷达发展历程中,极化合成孔径雷达由于兼具极化解析与空间多维分辨能力,受到了各国政府与科技界的高度重视,几十年来机载/星载极化SAR系统如雨后春笋般不断涌现。国际上最早成功研制的实用化的极化SAR系统是1985年美国的L波段机载AIRSAR系统。之后典型的机载全极化SAR系统有美国的UAVSAR、加拿大的CONVAIR、德国的ESAR和FSAR、法国的RAMSES、丹麦的EMISAR、日本的PISAR等。星载系统方面,美国于1994年搭载航天飞机运行的C波段SIR-C系统是世界上第一部星载全极化SAR。2006年和2007年,日本的ALOS/PALSAR卫星和加拿大的RADARSAT-2卫星相继发射成功。近些年来,多部星载多/全极化SAR系统已在轨运行,包括日本的ALOS-2/PALSAR-2、阿根廷的SAOCOM-1A、加拿大的RCM、意大利的CSG-2等。

1987年,中科院电子所研制了我国第一部多极化机载SAR系统。近年来,在国家相关部门重大科研计划的支持下,中科院电子所、中国电子科技集团、中国航天科技集团、中国航天科工集团等单位研制的机载极化SAR系统覆盖了P波段到毫米波段。2016年8月,我国首颗全极化C波段SAR卫星高分三号成功发射运行,之后分别于2021年11月和2022年4月成功发射高分三号02星和03星,实现多星协同观测。2022年1月和2月,我国成功发射了两颗L波段SAR卫星——陆地探测一号01组A星和B星,二者均具备全极化模式,将组成双星编队服务于地质灾害、土地调查、地震评估、防灾减灾、基础测绘、林业调查等领域。这些系统的成功运行标志着我国在极化SAR系统研制方面达到了国际先进水平。总体上,我国在成像雷达极化与应用方面的研究工作虽然起步较晚,但在国家相关部门的大力支持下,在雷达极化测量的基础理论、测量体制、信号与数据处理等方面取得了不少的创新性成果,研究水平取得了长足进步。

目前,极化成像雷达在地物分类、森林生物量估计、地表高程测量、城区信息提取、海洋参数反演以及防空反导、精确打击等诸多领域中已得到广泛应用,而目标识别是其中最受关注的核心关键技术。在深刻理解雷达目标极化散射机理的基础上,将极化技术与宽带/超宽带、多维阵列、多发多收等技术相结合,通过极化信息与空、时、频等维度信息的充分融合,能够为提升成像雷达的探测识别与抗干扰能力提供崭新的技术途径,有望从根本上解决复杂电磁环境下雷达目标识别问题。一直以来,由于目标、自然环境及电磁环境的持续加速深刻演变,高价值目标识别始终被认为是雷达探测领域"永不过时"的前沿技术难题。因此,出版一套完善严谨的极化、成像与识别的学术著作对于开拓国内学术视野、推动前沿技术发展、指导相关实践工作具有重要意义。

为及时总结我国在该领域科研人员的创新成果,同时为未来发展指明方向,我们结合长期的极化成像与识别基础理论、关键技术以及创新应用的研究实践,以近年国家"863""973"、国家自然科学基金、国家科技支撑计划等项目成果为基础,组织全国雷达极化领域的同行专家一起编写了这套"极化成像与识别技术"丛书,以期进一步推动我国雷达技术的快速发展。本丛书共24分册,分为3个专题。

(一)极化专题。着重介绍雷达极化的数学表征、极化特性分析、极化精密测量、极化检测与极化抗干扰等方面的基础理论和关键技术,共包括10个分册。

(1)《瞬态极化雷达理论、技术及应用》瞄准极化雷达技术发展前沿,系统介绍了我国首创的瞬态极化雷达理论与技术,主要内容包括瞬态极化概念及其表征体系、人造目标瞬态极化特性、多极化雷达波形设计、极化域变焦超分辨、极化滤波、特征提取与识别等一大批自主创新研究成果,揭示了电磁波与雷达目标的瞬态极化响应特性,阐述了瞬态极化响应的测量技术,并结合典型场景给出了瞬态极化理论在超分辨、抗干扰、目标精细特征提取与识别等方面的创新应用案例,可为极化雷达在微波遥感、气象探测、防空反导、精确制导等诸多领域中的应用提供理论指导和技术支撑。

(2)《雷达极化信号处理技术》系统地介绍了极化雷达信号处理的基础理论、关键技术与典型应用,涵盖电磁波极化及其数学表征、动态目标宽/窄带极化特性、典型极化雷达测量与处理、目标信号极化检测、极化雷达抗噪声压制干扰、转发式假目标极化识别以及极化雷达单脉冲测角与干扰抑制等内容,可为极化雷达系统的设计、研制和极化信息的处理与利用提供有益参考。

(3)《多极化矢量天线阵列》深入讨论了多极化天线波束方向图优化与自适应干扰抑制,基于方向图分集的波形方向图综合、单通道及相干信号处理,多极化主动感知,稀疏阵型设计及宽带测角等问题,是一本理论性较强的专著,对于阵列雷达的设计和信号处理具有很好的参考价值。

(4)《目标极化散射特性表征、建模与测量》介绍了雷达目标极化散射的电磁理论基础、典型结构和材料的极化散射表征方式、目标极化散射特性数值建模方法和测量技术,给出了多种典型目标的极化特性曲线、图表和数据,对于极化特征提取和目标识别系统的设计与研制具有基础支撑作用。

(5)《飞机尾流雷达探测与特征反演》介绍了飞机尾流这类特殊的分布式软目标的电磁散射特性与雷达探测技术,系统揭示了飞机尾流的动力学特征与雷达散射机理之间的内在联系,深入分析了飞机尾流的雷达可探测性,提出了一些典型气象条件下的飞机尾流特征参数反演方法,对推进我国军民航空管制以及舰载机安全起降等应用领域的技术进步具有较大的参考价值。

(6)《雷达极化精密测量》系统阐述了极化雷达测量这一基础性关键技术,分析了极化雷达系统误差机理,提出了误差模型与补偿算法,重点讨论了极化雷达波形设计、无人机协飞的雷达极化校准技术、动态有源雷达极化校准等精密测量技术,为极化雷达在空间监视、防空反导、气象探测等领域的应用提供理论指导和关键技术支撑。

(7)《极化单脉冲导引头多点源干扰对抗技术》面向复杂多点源干扰条件下的雷达导引头抗干扰需求,基于极化单脉冲雷达体制,围绕极化导引头系统构架设计、多点源干扰多域特性分析、多点源干扰多域抑制与抗干扰后精确测角算法等方面进行系统阐述。

(8)《相控阵雷达极化与波束联合控制技术》面向相控阵雷达的极化信息精确获取需求,深入阐述了相控阵雷达所特有的极化测量误差形成机理、极化校准方法以及极化波束形成技术,旨在实现极化信息获取与相控阵体制的有效兼容,为相关领域的技术创新与扩展应用提供指导。

(9)《极化雷达低空目标检测理论与应用》介绍了极化雷达低空目标检测面临的杂波与多径散射特性及其建模方法、目标回波特性及其建模方法、极化雷达抗杂波和抗多径散射检测方法及这些方法在实际工程中的应用效果。

(10)《偏振探测基础与目标偏振特性》是一本光学偏振方面理论技术和应用兼顾的专著。首先介绍了光的偏振现象及基本概念,其次在目标偏振反射/辐射理论的基础上,较为系统地介绍了目标偏振特性建模方法及经典模型、偏振特性测量方法与技术手段、典型目标的偏振特性数据及分析处理,最后介绍了一些基于偏振特性的目标检测、识别、导航定位方面的应用实例。

(二)成像专题。着重介绍雷达成像及其与目标极化特性的结合,探讨雷达在探地、地表穿透、海洋监测等领域的成像理论技术与应用,共包括7个分册。

（1）《高分辨率穿透成像雷达技术》面向穿透表层的高分辨率雷达成像技术，系统讲述了表层穿透成像雷达的成像原理与信号处理方法。既涵盖了穿透成像的电磁原理、信号模型、聚焦成像等基本问题，又探讨了阵列设计、融合穿透成像等前沿问题，并辅以大量实测数据和处理实例。

（2）《极化 SAR 海洋应用的理论与方法》从极化 SAR 海洋成像机制出发，重点阐述了极化 SAR 的海浪、海洋内波、海冰、船只目标等海洋现象和海上目标的图像解译分析与信息提取方法，针对海洋动力过程和海上目标的极化 SAR 探测给出了较为系统和全面的论述。

（3）《超宽带雷达地表穿透成像探测》介绍利用超宽带雷达获取浅地表雷达图像实现埋设地雷和雷场的探测。重点论述了超宽带穿透成像、地雷目标检测与鉴别、雷场提取与标定等技术，并通过大量实测数据处理结果展现了超宽带地表穿透成像雷达重要的应用价值。

（4）《合成孔径雷达定位处理技术》在介绍 SAR 基本原理和定位模型基础上，按照 SAR 单图像定位、立体定位、干涉定位三种定位应用方向，系统论述了定位解算、误差分析、精化处理、性能评估等关键技术，并辅以大量实测数据处理实例。

（5）《极化合成孔径雷达多维度成像》介绍了利用极化雷达对人造目标进行三维成像的理论和方法，重点讨论了极化干涉成像、极化层析成像、复杂轨迹稀疏成像、大转角观测数据的子孔径划分、多子孔径多极化联合成像等新技术，对从事微波成像研究的学者和工程师有重要参考价值。

（6）《机载圆周合成孔径雷达成像处理》介绍的是基于机载平台的合成孔径雷达以圆周轨迹环绕目标进行探测成像的技术。介绍了圆周合成孔径雷达的目标特性与成像机理，提出了机载非理想环境下的自聚焦成像方法，探究了其在目标检测与三维重构方面的应用，并结合团队开展的多次飞行试验，介绍了技术实现和试验验证的研究成果，对推动机载圆周合成孔径雷达系统的实用化有重要参考价值。

（7）《红外偏振成像探测信息处理及其应用》系统介绍了红外偏振成像探测的基本原理，以及红外偏振成像探测信息处理技术，包括基于红外偏振信息的图像增强、基于红外偏振信息的目标检测与识别等，对从事红外成像探测及目标识别技术研究的学者和工程师有重要参考价值。

（三）识别专题。着重介绍基于极化特性、高分辨距离像以及合成孔径雷达图像的雷达目标识别技术，主要包括雷达目标极化识别、雷达高分辨距离像识别、合成孔径雷达目标识别、目标识别评估理论与方法等，共包括 7 个分册。

(1)《雷达高分辨距离像目标识别》详细介绍了雷达高分辨距离像极化特征提取与识别和极化多维匹配识别方法，以及基于支持向量数据描述算法的高分辨距离像目标识别的理论和方法。

(2)《合成孔径雷达目标检测》主要介绍了 SAR 图像目标检测的理论、算法及具体应用，对比了经典的恒虚警率检测器及当前备受关注的深度神经网络目标检测框架在 SAR 图像目标检测领域的基础理论、实现方法和典型应用，对其中涉及的杂波统计建模、斑点噪声抑制、目标检测与鉴别、少样本条件下目标检测等技术进行了深入的研究和系统的阐述。

(3)《极化合成孔径雷达信息处理》介绍了极化合成孔径雷达基本概念以及信息处理的数学原则与方法，重点对雷达目标极化散射特性和极化散射表征及其在目标检测分类中的应用进行了深入研究，并以对地观测为背景选择典型实例进行了具体分析。

(4)《高分辨率 SAR 图像海洋目标识别》以海洋目标检测与识别为主线，深入研究了高分辨率 SAR 图像相干斑抑制和图像分割等预处理技术，以及港口目标检测、船舶目标检测、分类与识别方法，并利用实测数据开展了翔实的实验验证。

(5)《极化 SAR 图像目标检测与分类》对极化 SAR 图像分类、目标检测与识别进行了全面深入的总结，包括极化 SAR 图像处理的基本知识以及作者近年来在该领域的研究成果，主要有目标分解、恒虚警检测、混合统计建模、超像素分割、卷积神经网络检测识别等。

(6)《极化雷达成像处理与目标特征提取》深入讨论了极化雷达成像体制、极化 SAR 目标检测、目标极化散射机理分析、目标分解与地物分类、全极化散射中心特征提取、参数估计及其性能分析等一系列关键技术问题。

(7)《雷达图像相干斑滤波》系统介绍了雷达图像相干斑滤波的理论和方法，重点讨论了单极化 SAR、极化 SAR、极化干涉 SAR、视频 SAR 等多种体制下的雷达图像相干斑滤波研究进展和最新方法，并利用多种机载和星载 SAR 系统的实测数据开展了翔实的对比实验验证。最后，对该领域研究趋势进行了总结和展望。

本套丛书是国内在该领域首次按照雷达极化、成像与识别知识体系组织的高水平学术专著丛书，是众多高等院校、科研院所专家团队集体智慧的结晶，其中的很多成果已在我国空间目标监视、防空反导、精确制导、航天侦察与测绘等国家重大任务中获得了成功应用。因此，丛书内容具有很强的代表性、先进性和实用性，对本领域研究人员具有很高的参考价值。本套丛书的出版即是对以往研究成果的提炼与总结，我们更希望以此为新起点，与广大的同行们一道开启雷达极化技术与应用研究的新征程。

在丛书的撰写与出版过程中,我们得到了郭桂蓉、何友、吕跃广、吴一戎等二十多位业界权威专家以及国防工业出版社的精心指导、热情鼓励和大力支持,在此向他们一并表示衷心的感谢!

王雪松
2022 年 7 月

前言

合成孔径雷达(SAR)成像是一种重要的高分辨率对地观测技术手段[1]，因具有全天时全天候工作的特点，近年来得到了迅速发展和广泛关注。SAR 成像能通过目标散射函数重构等方式，获取观测目标电磁散射信息，有助于目标特性分析、分类与识别。目前，SAR 技术已广泛作用于农作物评估、灾情预报、地表形变监测、海洋测绘等民用领域，并在反恐救援、战场侦察、战略预警等军用领域发挥着越来越重要的作用。

为了满足不断增长的军用和民用需求，SAR 技术沿着多个方向演化，成像结果表征由单色向彩色(极化 SAR)、平面向立体(干涉、层析 SAR)、静态向动态演化(视频 SAR)。未来，SAR 成像还将向兼具彩色、立体和动态表征能力的方向进一步演进。圆周 SAR(CSAR)技术便是雷达合成孔径流形演化的主要代表。孔径流形是指雷达收发通道在成像运动过程中所形成的轨迹形态。与以传统直线 SAR(LSAR)为代表的直线状孔径流形相比，CSAR 成像围绕观测场景形成 360°圆周孔径流形，能够获取观测目标的全方位散射特征。此外，观测角度(方位积累角)的增加，展宽了目标方位频谱，使得理论上 CSAR 能够获取远优于 LSAR 的图像分辨率。

由上述分析可知，CSAR 成像技术通过改变工作模式便可获得远优于常规 LSAR 的目标侦察探测性能，生成更具实用价值的侦察情报，帮助指挥员能够及时、准确地了解战场态势变化，以便制定正确决策。研究 CSAR 成像技术能有效地提高我军在重点局部区域的战场态势感知水平，具有十分重要的军事意义。因此，本书将主要介绍基于 CSAR 成像的新体制 SAR 成像技术，内容围绕 CSAR 的二维高精度全景成像和三维图像重构展开。本书为作者近年来在该领域研究成果的总结，可供相关领域的科研人员阅读参考。

本书共 6 章。第 1 章主要介绍圆周合成孔径雷达的意义与研究现状；第 2 章介绍圆周合成孔径雷达的系统特性，包括回波信号模型、脉冲响应函数以及分辨率评估方法等；第 3 章介绍机载 CSAR 成像算法，分析了地形起伏对成像的影响，并介绍相应的成像处理方法；第 4 章针对机载平台的运动误差特点，介绍了基于时域的 CSAR 自聚焦成像算法；第 5 章介绍了基于 CSAR 构型的车辆目标检测和三维重构方法;第 6 章介绍了目前公开的 CSAR 电磁仿真数据以及实测数据集。

本书涉及的研究工作先后受到了国家自然科学基金(编号:61571447,62101566,62101562,62271492)、湖南省自然科学基金(编号:2020JJ5661,2022JJ10062)等项目的资助,在此表示衷心感谢。

由于时间仓促,水平有限,本书难免存在疏漏或不妥之处,欢迎读者提出批评。有不清楚的地方希望读者与我们联系。

编著者

2022 年 12 月

目录

第1章 概述 1

1.1 意义 1
　　1.1.1 概念与内涵 1
　　1.1.2 CSAR系统优势 4
1.2 国内外研究现状 5
　　1.2.1 CSAR系统及试验 6
　　1.2.2 CSAR成像处理技术 16
1.3 本书内容 20

第2章 CSAR系统特性 22

2.1 CSAR回波信号模型 22
　　2.1.1 成像几何 22
　　2.1.2 回波信号 26
2.2 脉冲响应函数 27
　　2.2.1 LSAR脉冲响应函数 28
　　2.2.2 CSAR脉冲响应函数 32
2.3 CSAR空间分辨率评估方法 34
　　2.3.1 相干成像的分辨率 35
　　2.3.2 非相干成像的分辨率 40

第3章 机载CSAR成像算法研究 51

3.1 时域成像算法 52

XV

3.2 快速时域成像算法 ·· 54
 3.2.1 FFBP 算法的误差控制和坐标转换 ··································· 55
 3.2.2 时域快速成像算法的实现 ··· 58
 3.2.3 计算量评估 ·· 59
3.3 地形起伏误差补偿 ·· 61
 3.3.1 地形起伏误差 ·· 61
 3.3.2 地形起伏误差补偿方法 ·· 65
3.4 基于 CSAR 的多聚焦成像方法 ··· 67
3.5 实验结果 ··· 71
 3.5.1 仿真实验 ·· 71
 3.5.2 实测数据处理 ·· 73

第 4 章 CSAR 成像自聚焦算法研究 ·· 76

4.1 机载 CSAR 运动误差分析 ··· 78
4.2 结合 BP 的自聚焦算法 ··· 80
 4.2.1 算法原理 ·· 80
 4.2.2 改进的 ABP 算法 ·· 85
4.3 CSAR 自聚焦算法 ·· 87
 4.3.1 机载 CSAR 实测数据成像处理流程 ································· 87
 4.3.2 子图像链式匹配 ·· 88
4.4 实验结果 ··· 91
 4.4.1 仿真实验 ·· 91
 4.4.2 实测数据 ·· 93

第 5 章 基于 CSAR 数据的目标检测与三维图像重构 ·························· 102

5.1 基于 CSAR 数据的车辆目标检测 ·· 103
 5.1.1 CSAR 图像中的高度层信息 ·· 103
 5.1.2 基于 CSAR 数据的车辆目标检测方法 ···························· 107
5.2 基于 CSAR 成像的目标三维图像重构 ······································ 109
 5.2.1 车辆目标散射特性模型与分析 ······································· 110

  5.2.2　车辆目标的三维图像重构方法 ……………………………… 115
 5.3　实验结果 ………………………………………………………………… 120
  5.3.1　车辆目标检测 ……………………………………………… 120
  5.3.2　车辆三维图像重构实验结果 ……………………………… 122

第6章　公开数据集处理 …………………………………………………… 128

 6.1　电磁仿真数据集 ………………………………………………………… 128
  6.1.1　数据简介 ……………………………………………………… 128
  6.1.2　例程解读 ……………………………………………………… 132
  6.1.3　处理结果与分析 ……………………………………………… 135
 6.2　Gotcha 数据 …………………………………………………………… 140
  6.2.1　数据简介 ……………………………………………………… 140
  6.2.2　数据结构及处理方法 ………………………………………… 146
  6.2.3　处理结果与分析 ……………………………………………… 150

参考文献 ………………………………………………………………………… 154

附录A　NB SAR 点目标脉冲响应函数 ……………………………………… 162

附录B　通用SAR 点目标脉冲响应函数 …………………………………… 164

第1章 概　述

随着科学技术的进步,空天一体打击、精确制导、智能感知、智能武器、全天候全空间对抗等以信息技术为主导的新兴手段,正改变着战争的形态样式。争夺与控制信息权将成为未来作战过程中的重中之重[1]。《孙子·谋攻篇》云:"知己知彼,百战不殆"[2]。在军事力量对抗中,掌握敌方信息更多的一方更易掌握主动权,更快实现有效组织与精确打击。在军事行动中,对战场实现全天候、全天时侦察监视所获得的精确信息,将为作战决策提供有力的情报保障。

合成孔径雷达[3-6]通过发射大带宽信号获取在距离向的高分辨率,同时平台运动对目标进行大角度观测,以获得方位向高分辨率。作为微波遥感领域中最有成效的传感器之一,SAR 得到了迅速发展和广泛关注[7]。SAR 成像能通过目标散射函数重构,获取观测目标更多的电磁散射相关信息,有助于目标特性分析、分类与识别。自 20 世纪 50 年代被提出至今,SAR 技术已经发展成为雷达领域的一个重要分支,并在国防安全建设和国民经济发展中占据越来越重要的地位[8-12]。与可见光、红外等传感器相比,SAR 成像不受天气、光照等外界环境条件的限制,可实现全天候、全天时侦察,故在遥感观测领域已得到广泛应用,如民用领域的农作物评估、灾情预报、地表形变监测、海洋测绘等,军用领域的反恐救援、战场侦察、战略预警等[13-15]。

1.1 意　义

1.1.1 概念与内涵

目前,SAR 功能可简单概括为如下几个方面:

(1) 获取观测区域的二维高分辨雷达图像和基于该图像开展的目标检测与分类识别[16-18];

(2) 利用干涉测量 SAR(Interferometric SAR,InSAR)/差分 InSAR(Differential

InSAR,D – InSAR)获取观测区域的数字高程模型(Digital Elevation Model, DEM),和测量地形细微变化情况[19];

(3)利用层析 SAR(Tomography SAR,TomoSAR)、全息 SAR(Holographic SAR,HoloSAR)或阵列获取观测区域的三维高分辨雷达图像[20-21];

(4)结合 SAR 技术的地面运动目标指示(Ground Moving Target Indication, GMTI)技术,即 SAR – GMTI 技术[22],实现对地面运动目标的跟踪。

(5)利用极化 SAR(Polarimetric Synthetic Aperture Radar,PolSAR)获得的目标极化散射特征,进行城市、自然植被等区域的分割和分类[23-25]。

为更好地实现上述功能,以满足不断增长的军/民应用需求,科研人员近几十年来研制出的 SAR 系统几乎覆盖了 VHF 到 EHF 范围内的全频段电波[26-27],并具有多极化、多时相、多模式和多功能等特点,从而适应不同的应用需求,其中一些成果已产生了较大的经济利益和军事效益。SAR 的分辨率不断提高,由早期几十米逐步提高到米量级、厘米量级,甚至近年来已有毫米量级的报道[27]。SAR 工作模式不断拓展,涵盖了以车辆、飞机/飞艇、卫星等为搭载平台的单/双/多基地、多种极化 SAR 系统,以及斜视、聚束、扫描等工作模式。这些发展极大地提高了 SAR 系统的工作性能,拓宽了应用前景[28-31]。

自20世纪80年代开始,我国在 SAR 领域内的研究水平取得了长足发展,先后自主研制出了车载、机载和星载 SAR 系统。SAR 成像质量不断提高,功能不断完善,一些算法研究已经步入国际前列。然而,我国的 SAR 系统研发与国际高水平相比还有很大的差距,例如,国内绝大多数 SAR 系统在成像探测时均要求搭载平台保持直线航迹匀速飞行状态,即直线 SAR(Linear SAR,LSAR)成像模式。该工作模式的实现相对简单,易于对大面积场景观测成像,但其在实用性能方面的缺陷也十分明显,限制了在军/民领域内的推广应用。概括来讲,LSAR 存在以下主要问题:

(1)不具有全景成像能力。在军事情报生成中,高精度目标分类识别是制定作战方案、实施精确打击的关键前提。经过几十年的发展,SAR 图像分辨率得到极大提高,但基于 SAR 图像的目标分类识别能力仍不尽如人意。究其原因之一,是因为单站 LSAR 只能获取被观测目标在小角度范围内的后向散射信息,不能反映出观测的多方位甚至全方位散射信息。这种有限角度的观测,犹如盲人摸象,所获取的目标信息是局部、片面的,不利于后续开展高精度目标检测与分类识别处理。对于 LSAR,同等尺寸的圆柱体和正方体在获取的 SAR 图像上都将被显示为一个"亮点",虽然"亮点"的强度可能有所差别,但基于 SAR 图像却很难识别出"亮点"的几何特征,即无法完成目标的分类识别。而高性能的目标分类识别对 SAR 图像应用十分重要,将严重影响其实际应用。首先,微波照射下的目标散射特性与可见光、红外等传感器的观测结果有很大差异,非 SAR 领域专业人士普遍认为 SAR 图像"可读性"差。若是没有高精度的目标分类识别指示辅助,仅凭人工很难进行高精度 SAR 图像判读,无法从中提取所需的有效信息。其次,与可见光、红外相比,雷达电波的波长较长,有时甚至与观测目标尺寸相当,这导致目标的细节刻画能力很弱。尽管近年来 LSAR 图像分辨率不断提高,甚至已经接近理论极限,但对于常规频段 LSAR(VHF/UHF、L、C、X、Ku 等)由于获取的目标信息是"片面"的,即使基于亚米级分辨率的 SAR 图像还是很难实现高精度目标分类识别。最后,LSAR 天线波束只能从特定方向对待侦察区域进行有限角度观测,这种观测模式易产生"遮挡效应",从而导致观测信息缺失。以观测汽车为例,若 LSAR 平台与汽车之间有高层建筑恰好挡住天线电波传输路径,则在 SAR 图像中汽车将位于楼的"阴影"中而无法被检测到,导致检测中漏警。

(2) 不具有雷达视频成像能力。常规 LSAR 成像除观测角度受限外,其成像观测时间取决于直线合成孔径时间,这种观测模式被称为"掠过式"侦察。换言之,传统 LSAR 只能获取观测场景的静止二维图像,即"照相机"功能,而不具有类似"摄像机"的视频成像功能。为此,在美国国防高级研究计划局(DARPA)资助下,美国空军研究实验室(AirForce Research Laboratory,AFRL)于 21 世纪初开展了太赫兹(Extremely High Frequency,EHF)频段 SAR 视频成像研究[32],由于波长极短,EHF SAR 的合成孔径时间仅为几十毫秒,通过控制成像时的波束指向(如聚束模式),可获得较高帧率的雷达视频影像。我国部分高校和科研院所也在从事太赫兹雷达技术的研究工作。然而,目前受器件水平限制,我国 EHF SAR 发射功率尚小,无法实现远距离大场景成像探测。因此,如何利用已研制的常规 SAR 进行雷达视频成像变得十分重要。常规 LSAR 的合成孔径时间通常在秒量级甚至分钟量级,仅靠 LSAR 聚束成像无法获得长时间且足够帧率的视频成像结果,这是 LSAR 成像探测的缺点之一。

(3) 不具有全息三维成像能力。随着应用需求的不断拓展,研究人员不再满足获得二维 SAR 图像,而希望通过获得高分辨率三维雷达图像获取更多的场景或者目标信息。常规单基线 LSAR 不具有三维成像能力,只能获得二维 SAR 图像。后来研究人员提出了多基线 LSAR 三维成像方法,即 TomoSAR。与单基线 LSAR 相比,TomoSAR 能够实现对观测区域的三维成像[33-34]。然而,与 LSAR 模式相同,TomoSAR 还是只能获取目标在一定观测角度范围内的目标后向散射信息,利用 TomoSAR 获得的三维图像也将存在由"遮挡效应"等所导致的漏警。此外,TomoSAR 获得的"片面"三维雷达图像同样不利于后续的目标分类识别处理。因此,为克服传统直线轨迹 SAR 只能获取目标小角度范围内后向散射信息的限制,实现360°全角度场景观测和三维成像探测值得深入研究。

由上述分析可知,目前急需在现有常规LSAR成像侦察探测功能基础上,开展新体制新模式SAR成像技术的研究,解决现有LSAR中存在的上述不足,使其具有更好的实用性能,满足实际战场侦察需求。

曲线SAR成像技术是合成孔径雷达三维成像技术领域的新兴技术,利用平台的曲线运动,获取观测区域的三维成像能力。圆周SAR(Circular SAR,CSAR)为曲线SAR的特例[35]。CSAR成像过程中,传感器围绕观测场景作360°圆周轨迹运动,同时天线波束始终指向观测场景,对收集到的回波数据进行成像处理以获取图像结果。对观测场景进行360°照射使CSAR能获取目标的全方位散射特征。此外,观测角度(方位积累角)的增加,展宽了目标方位频谱,从而得到更高的图像分辨率。

1.1.2 CSAR系统优势

与LSAR相比,CSAR成像技术具有如下突出特点:

(1) 全景成像观测。CSAR成像模式可进行宽角度甚至360°全方位观测成像,相比较于LSAR具有两点优势:一是获取更高的图像分辨率。理论上,全CSAR成像可获得高达四分之一载波波长的图像分辨率,即使在超高频(Ultra High Frequency,UHF)或甚高频(Very High Frequency,VHF)等频段工作SAR系统也能获得亚米级图像分辨率,这是常规LSAR难以企及的。众所周知,SAR图像分辨率越高,越利于后续获得更高精度的图像解译结果。二是相比较于LSAR,CSAR能够获得观测目标在宽角度甚至全角度内的方位散射特性,即实现目标的全景成像。全景成像一方面能够提供更加全面、丰富的目标散射特征信息,同时解决LSAR成像中存在的"遮挡效应";另一方面CSAR全景成像可消除LSAR成像中二面角类目标的"正侧闪烁"效应影响,从而解决观测目标信杂比严重依赖于电磁波入射角度的问题,提高感兴趣区域(Region Of Interest,ROI)的图像信杂比。相较于LSAR的"片面"成像,CSAR全景成像将能够获得更高的目标检测与分类识别性能,使获取的侦察情报更加符合实际战场侦察需求。

(2) 雷达视频成像。在CSAR成像过程中,雷达波束始终持续照射观测区域,可实现对观测场景的长时间持续成像探测,其持续时间取决于CSAR系统沿圆周轨迹的飞行时间。这种长时间持续观测的好处之一是可实现对观测区域的雷达视频成像,即除可获得观测区域的雷达"照片"外,通过适当的信号处理方法还能够获得观测区域的雷达视频。显然,雷达视频成像将突破常规LSAR只能获取雷达静止图像侦察情报的限制,将获取的情报提升到视频影像层次,实现对重点区域的动态监视,极大地提高侦察情报价值。

(3) 三维成像。三维图像已在军用/民用领域得到广泛应用,通过激光等可见光三维图像获取技术,人们可以获得高质量的三维图像。相较之下,雷达三维成像技术仍不够成熟,如何获得高质量雷达三维图像是近年来的研究热点。借鉴多基线 LSAR 三维成像思想,多基线 CSAR 能够获得对观测区域的全景三维成像,即 HoloSAR。基于 HoloSAR 高精度全息三维成像,能够实现高精度的目标分类识别,以及反演出较高精度的地形/地物侦察信息,所获取的信息除可用作军事目标侦察外,还可用于制作丛林等复杂地形区域的全景高精度电子沙盘,为指挥员正确制定演练或作战决策提供可靠参考。

由上述分析可知,CSAR 成像技术通过改变工作模式便可获得远优于常规 LSAR 的目标侦察探测性能,生成更具实用价值的侦察情报,帮助指挥员能够及时、准确地了解战场态势变化,以便制定正确决策。研究 CSAR 成像技术能有效地提高我军在重点局部区域的战场态势感知水平,具有十分重要的军事意义。因此,本书将介绍基于 CSAR 成像的新体制 SAR 成像技术,内容围绕 CSAR 的二维高精度全景成像和三维图像重构展开,解决其中的关键问题。

1.2 国内外研究现状

美国学者于 20 世纪 90 年代初提出了早期 CSAR 成像探测的概念,即对 CSAR 成像模式初步探索[36]。该时期研究人员以 CSAR 技术的成像机理研究为主,基于目标各向同性散射假设,推导了场景中心理想目标的点扩展函数,并讨论了图像分辨率[36-37]。研究结果表明,CSAR 成像模式在理论上具有亚波长级高分辨能力及三维成像能力。同时期除理论研究外,研究人员在可控实验环境下,进行了 CSAR 原理性验证,获取了以"T72 坦克"为代表的目标三维图像。最近十几年,随着研究的不断深入,CSAR 成像技术独特优势日益凸显,受到了国内外广泛关注。美国空军研究实验室[38-44]、德国宇航中心(German Aerospace Center,DLR)[45-50]、瑞典国防研究院(Swedish Defence Research Agency,FOI)[47-51]、法国宇航局(French Aerospace Agency,ONERA)[52-53]等国外机构,国内的国防科技大学[54-58]、中国科学院电子学研究所[59-62]、西安电子科技大学[63-64]、电子科技大学[65-67]、中国电子科技集团第三十八研究所[68]、上海交通大学[69-70]等遥感领域内的高水平机构均开展了相关技术研究。研究内容主要包括 CSAR 成像机理、分辨率分析、成像方法、运动补偿方法、基于 CSAR 的干涉测量、三维信息获取等。其中瑞典、法国、美国和德国等国外研究机构,以及国内的中国科学院电子学研究所、国防科技大学、中国电子科技集团第三十八研究所已利用研制的不同频段 SAR 系统开展了机载 CSAR 外场飞行试验,得到了一系列具有重要意义的试验结果。

1.2.1 CSAR 系统及试验

1. 国外

法国宇航局与瑞典国防研究院开展合作[47],于 2004 年进行了国际首次机载 CSAR 数据获取试验。其中瑞典国防研究院利用其所研制的 CARABAS-II——机载 SAR 系统获取了 VHF 波段 CSAR 数据。该系统工作发射信号频率范围在 20~90MHz,其相对场景中心的入射角平均约为 58°,有效作用距离约为 11km。利用 VHF 低波段信号的强叶簇穿透性及 CSAR 对目标的多角度观测特性,该试验初步探究了叶簇穿透 CSAR(Foliage Penetrating CSAR,FOPEN CSAR)的叶簇隐蔽车辆检测与识别性能,如图 1-1 所示。试验表明,相比于传统 LSAR,CSAR 成像模式能够有效提高叶簇隐蔽目标的检测率。

(a) 隐藏目标示意图　　(b) 直线轨迹获取的试验结果　　(c) 圆周轨迹获取的试验结果

图 1-1　CARABAS-II 在 2004 年获取的 CSAR 试验结果图

法国宇航局则在 2010 年利用其机载 SAR 系统完成了一个完整的圆周飞行数据录取试验。系统发射信号频率范围为 220~430MHz。如图 1-2 和图 1-3 所示,试验结果同样表明:通过增加孔径方位积累角,可以提高地面目标的检测性能。结合 2004 年的飞行试验,两个团队从中得出结论:在未知物体方向的情况下,至少需要 180°积累角,方可获得最强的目标脉冲响应[71]。

美国空军研究实验室开展了一系列与 CSAR 成像技术相关的试验。2006 年,开展了 X 波段全极化多基线 CSAR 机载试验,并于 2008 年对外公开试验数据,供全世界的相关领域学者研究使用。该组被命名为"Gotcha Volumetric SAR Data Set, Version 1.0"的数据包含了八组在不同高度飞行轨道上获取的全极化 CSAR 雷达回波数据和相对应的飞行轨迹。该试验所观测的场景为一停放了若干民用车辆的停车场,为研究 CSAR 下的车辆目标检测和重构提供了丰富的数据资源,如图 1-4 所示。除该组实测数据外,2009 年空军研究实验室还公布了

第 1 章 概述

(a) CSAR成像结果

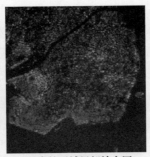
(b) 森林区域局部放大图

(c) 隐藏目标放置示意图

图 1-2 法国宇航局于 2010 年获取的 CSAR 成像结果

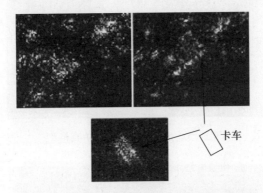

图 1-3 标识点 37 附近的小区域检测结果图

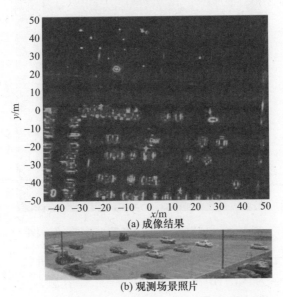

图 1-4 Gotcha 数据的成像结果和观测场景照片

10 种在 CSAR 成像几何下不同型号民用车辆的电磁仿真数据——CVDome (Civilian Vehicle Dome),如图 1-5 所示。此外,空军研究实验室于 2013 年录取了一组大场景的机载 CSAR 数据,但仅有一段方位积累角大小为 10°的子孔径回波数据对外公布,该数据的成像结果如图 1-6 所示[72]。

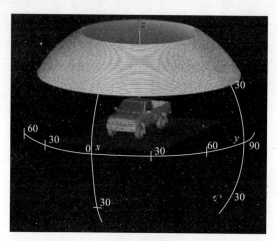

图 1-5 CVDome 的电磁仿真模型

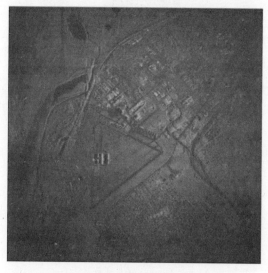

图 1-6 AFRL 获取的大场景 CSAR 成像结果

法国宇航局于 2007 年开展了以城区为观测场景的机载 CSAR 试验。试验采用其新研制的名为"SETHI"的机载 SAR 系统,工作频段为 X 波段[52]。该试验利用 CSAR 全角度的观测几何,获取观测区域的 DEM 数据,所得结果精度约为 2m，其对外公布的成果如图 1-7 所示。该试验充分展示了 CSAR 的大角度观测在城镇区域测绘中的优势。

(a) 建筑高程重构结果　　　　　　(b) 观测区域光学图

图 1-7　SETHI 系统于 2007 年进行的 CSAR 试验

法国宇航局还于 2013 年年初利用 RAMSES-NG 机载 SAR 系统在法国南部开展了 CSAR 试验。该试验系统同样工作在 X 波段，采用步进频信号以获取更高的带宽，其中波束入射角约为 10°，作用距离约为 10km。成像场景中包含了商务车和 L39 训练机飞机[73]等，目标成像结果如图 1-8 和图 1-9 所示。

图 1-8　商务车目标成像结果

图 1-9　L39 训练机目标成像结果

2017 年，该机构对 RAMSES-NG 雷达系统进行了升级，安装了高精度的惯性导航系统和定位系统，定位精度优于 10cm，获得了大带宽下的高分辨 CSAR 图像，如图 1-10 和图 1-11 所示[74]。

德国宇航中心则于 2008 年在德国 Kaufbeuren 的机场区域附近进行了全极

(a) 光学照片　　　　　　　　(b) 成像结果

图 1-10　法国宇航局对 Falcon 20 的大带宽高分辨 CSAR 成像结果

(a) 全场景成像结果　　　　　　(b) 局部放大图

图 1-11　法国宇航局超高分辨 CSAR 图像

化机载 CSAR 试验。试验中所采取的 E-SAR 机载系统工作在 L 波段,发射信号载频为 1.3GHz,信号带宽为 94MHz,波束入射角约为 51°,作用距离约为 6km[75]。随后在 2011 年 7 月,德国宇航中心对外首次展示 L 波段全极化 CSAR 对地高分辨观测成像效果,如图 1-12 所示。由图中可见,相比于常规模式的 LSAR 图像,CSAR 成像模型获取的图像拥有更为完整和精细的地物信息。

德国宇航中心的学者还提出了 HoloSAR 的概念,并在 2012 年于瑞士的 Vordemwald 进行了以森林地区为观测场景的多基线全极化机载 CSAR 数据收集试验。该次试验所用系统为 F-SAR 机载系统,工作在 P 波段,载频为 351MHz,发射信号带宽为 20MHz(对应斜距分辨率约为 7.5m),共录有 7 条基线数据[75]。随后,德国宇航中心又在德国的 Kaufbeuren 进行了一个基线多达 19 条的多基线 CSAR 数据收集试验,其中所录取基线在高度向总长 285m,间隔

第1章 概述

(a) 全极化CSAR成像结果　　　　(b) 全极化条带式成像结果

图1-12　L波段全极化全方位高分辨CSAR试验结果

平均为15m。其获取全息图像处理结果如图1-13所示[49]，该结果充分展示了CSAR全息图像的场景三维还原能力以及在SAR图像观测场景解译方面的潜在优势。

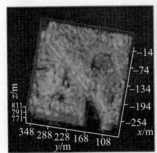
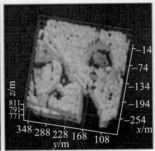
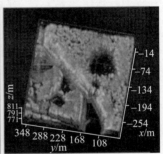

图1-13　某森林区域在不同算法下的多基线CSAR三维成像图

德国Ulm大学专注于SAR系统的轻小型化，于2018年率先以多旋翼无人机为搭载平台进行了CSAR外场机载试验，通过地面控制无人机，使其在观测场景上方按照圆形轨迹作业，完成CSAR数据录取，该次验证性试验观测场景较小，载机飞行高度和飞行半径均仅为5m左右，试验结果及场景布置如图1-14所示[76]。以多旋翼无人机作为SAR系统的搭载平台，是雷达遥感探测未来趋势，无人机可通过轨迹预设，更易于完成圆形飞行轨迹且具有机动性强、飞行成本低等优势。

2019年，德国Fraunhofer研究所进行了更高波段的CSAR成像系统研发，采用FMCW信号，所用波段为W波段，中心频率为94GHz，信号带宽最高可达10GHz。雷达系统以轻型固定翼飞机为载机平台，配备高性能计算单元、高精度定位单元以及高性能云台等组件，系统质量为25kg，如图1-15所示[77]。该研

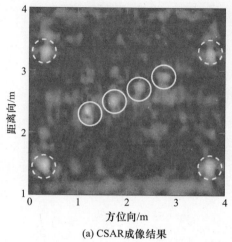 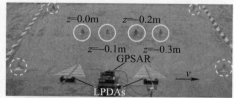 

(a) CSAR 成像结果　　　　　(b) 观测场景以及无人机平台照片

图 1-14　德国 Ulm 大学多旋翼无人机 CSAR 试验

究所针对城镇场景的观测监视做了一系列飞行试验,试验中所用发射信号带宽为 1GHz,载机飞行高度、半径和速度分别为 300m、360m 和 35m/s,所观测场景大小约为 150m×150m。该雷达系统通过高性能的计算平台对数据进行实时处理,并能以 20Hz 的帧率近似形成视频输出,如图 1-16 所示,在视频中可明显观察到目标散射特性随观测角度的变化,并可通过车辆阴影来对运动目标进行检测与跟踪。同时该团队还利用建筑物在高波段下呈现的散射特点,提出了基于建筑特征点云的三维重构方法[78]。相关试验结果表明 W 波段机载 CSAR 对城镇场景的观测监视的巨大应用潜力。

图 1-15　德国 Fraunhofer 研究所 W 波段机载 CSAR 系统

此外还有土耳其的 Mersin 大学于 2015 年以 270°圆弧形楼顶栏杆作为平台,进行了 C 波段宽角度 SAR 成像试验,经过对实测数据的处理验证了仿真试验得出的结论:当目标位于成像平面时,目标图像聚焦良好,目标不在成像平面时,该目标在该成像平面散焦[79],如图 1-17 所示。

第 1 章 概述

(a) t=5.2s时视频图像　　(b) t=6.4s时视频图像　　(c) 观测场景光学照片

图 1-16　W 波段机载 CSAR 动目标监视结果

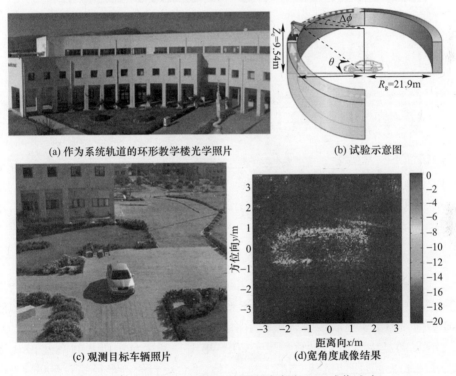

(a) 作为系统轨道的环形教学楼光学照片　　(b) 试验示意图

(c) 观测目标车辆照片　　(d) 宽角度成像结果

图 1-17　土耳其 Mersin 大学开展的宽角度 SAR 成像试验

2. 国内

根据公开发表文献,中国科学院电子学研究所微波成像国家重点实验室于 2011 年 8 月,在四川某地进行了国内首次 P 波段全极化机载 CSAR 数据录取试验[60,62]。其所采用系统载频为 600MHz,发射信号带宽 200MHz,飞行半径和高度皆为 3km。图 1-18 给出了该试验的 CSAR 成像结果,充分展示了 CSAR 与其他成像模式相比在获取目标全方位特征上的优势。

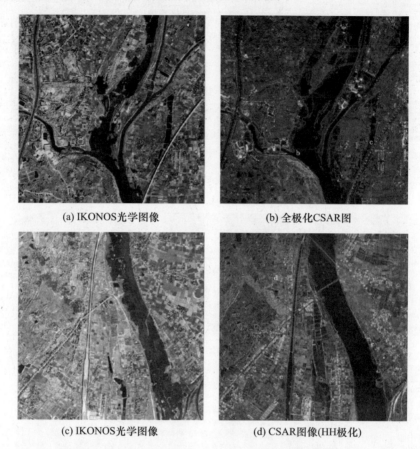

(a) IKONOS光学图像　　　　(b) 全极化CSAR图

(c) IKONOS光学图像　　　　(d) CSAR图像(HH极化)

图 1-18　P 波段 360°全方位高分辨 CSAR 图像

同时该团队利用多角度图像间的偏移与高程的正比关系，解决成像对高度的敏感性问题，提取高程信息，并用于 CSAR 成像。图 1-19 给出了基于圆迹 SAR 数据的 DEM 提取结果与同平台 X 波段 InSAR 提取的结果对比。

国防科技大学电子科学学院于 2015 年 1 月利用自主研制的微型 SAR 系统，开展了 Ku 波段的机载 CSAR 飞行试验，平台飞行轨迹半径约为 600m，飞行高度为 830m，所公开试验处理结果如图 1-20 所示[56-57]。

2015 年 11 月，国防科技大学于陕西录取了两个架次多基线 P 波段 CSAR 数据，试验中的载机飞行轨迹如图 1-21 所示[55]。

中国电子科技集团第三十八所通过机载挂飞试验[68]，对线极化 P 波段 CSAR 叶簇穿透成像进行了验证，其信号载频为 400MHz，最大信号带宽为 200MHz。观测场景林场中设置了卡车和吊车作为隐蔽目标，CSAR 叶簇穿透试验结果与 LSAR

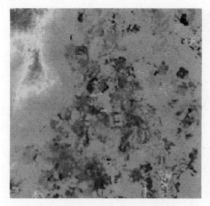
(a) 利用CSAR数据的DEM提取

(b) X波段干涉SAR DEM

图 1-19　高程提取

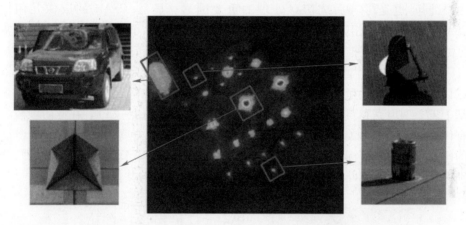

图 1-20　基于 Mini-SAR 数据获取的 CSAR 成像结果

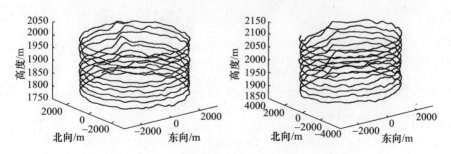

图 1-21　P 波段多基线 CSAR 数据轨迹图

的对比如图 1-22 所示。试验结果表明，叶簇遮盖下的车辆目标的信杂比在 CSAR 成像模式中得到了显著提升，提高了隐蔽目标的检测性能。

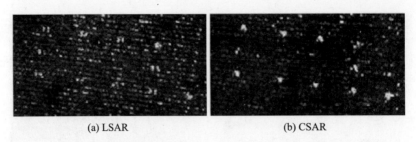

(a) LSAR　　　　　　　　　　　　(b) CSAR

图 1-22　叶簇下隐蔽目标(卡车)在 LSAR 与 CSAR 图像中的对比

1.2.2　CSAR 成像处理技术

1. 高精度 CSAR 成像处理技术

如何高效而又高质量地获取 SAR 图像是该领域研究人员不懈追求的目标之一,同时也是影响后续信息处理的重要因素。显然,CSAR 的成像几何比 LSAR 复杂得多。相应地,高精度成像处理难度也更高,面临一些特殊难题。常见的基于直线轨迹推导的频域算法等,均不能很好地适应 CSAR 成像几何。

20 世纪 90 年代至 21 世纪初,CSAR 成像技术尚处于理论探索阶段,主要以点目标仿真和实验室平台搭建下的数据录取实验为主[38],如可控实验环境下基于 T72 型坦克和直升机模型的 CSAR 原理性验证(图 1-23)。在此阶段较具有代表性的工作为美国纽约州立大学的 M. Soumekh 和华盛顿大学的 T. K. Chan 的研究。他们以目标后向散射各向同性假设为基础,基于 CSAR 成像原理,分别提出了基于傅里叶变换的 CSAR 波前重建方法[6,80]与共焦投影算法[35,81]。

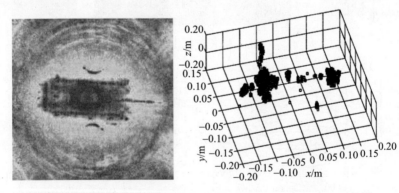

图 1-23　T72 型坦克和直升机模型的 CSAR 原理性验证结果[6,80]

21 世纪初至今,得益于系统硬件水平和数据处理能力的提升,SAR 技术整体上实现了跨越式发展。CSAR 成像技术研究也由实验室走向了外场试验,各国相关研究单位进行了大量机载 CSAR 成像试验。然而,由于机载平台受不稳定气流等因素影响,无法按照标准圆轨迹录取理想的 CSAR 数据,因此基于标准圆轨迹下提出的波前重建算法与共焦投影算法不再适用。

在瑞典 FOI 开展的 FOPEN CSAR 试验中,研究人员采用了传统后向投影(Back Projection,BP)算法进行成像处理,并利用相位差分全球定位系统(Global Position System,GPS)所测量的数据进行机载平台的运动误差补偿。该系统成像精度要求较低,工作在 VHF 频段(带宽约 60MHz),分米量级的飞行轨迹测量精度尚能够满足运动补偿对精度的要求。然而,BP 算法被人们所诟病的庞大计算量,阻碍了其广泛应用,尤其是面向实时处理平台时。为此,德国 DLR 提出了适用于非规则圆轨迹 CSAR 成像的 FFBP(Fast Factorized Back-Projection)[46,82]算法,该算法理论上实现仅需与频域算法相当的运算量,且适用于非理想圆周飞行轨迹的 CSAR 大场景成像。因此,FFBP 算法是 CSAR 成像处理的首选,但如何进行高精度运动补偿又成为难题。

对于 CSAR,由于其录取完整孔径数据所需时间(分钟量级)远比 LSAR 的(毫秒、秒量级)长,因此其孔径时间内积累的测量误差相对较高,对定位设备的精度提出了很高的要求,尤其在高波段 CSAR 成像中。机载 CSAR 系统受限于空间和成本,难以采用超高精度的定位设备。目前在商业级产品中,相关定位设备所能达到的精度仅为米量级。过大的测量误差不仅会导致图像严重散焦,还会带来图像的几何形变。德国 DLR 的 E-SAR 系统工作在 L 波段($\lambda \leq 0.3m$),现有常规机载定位传感器精度无法满足该精度要求,因此必须借助自聚焦处理等其他补偿手段,以减小传感器精度不足带来的运动误差影响。为解决运动误差补偿问题,DLR 在观测场景中放置了龙伯格(Luneburg)透镜,该透镜对电磁波散射具有各向同性的特性。该研究机构学者利用透镜目标在图像频域中的信号,提取出了相位误差,实现了运动误差补偿,得到了良好的聚焦图像。无独有偶,法国 ONERA 的研究人员在观测场景中预先安放多个位置已被精确标定的目标,然后采用三角测量法通过成像结果中预放目标位置和机载平台运动轨迹,反推出系统工作时的精确运行轨迹[83-85]。上述方法核心思想是人为放置定标器,通过其特性获取精确的运动误差数据以解决定位测量精度不足的问题。但在实际应用中,尤其是执行军事任务时,很难或者不可能在待观察区域提前预设定位器来辅助侦测行动。因此,低成本、适用性广的运动补偿或者自聚焦方法依旧是 CSAR 成像研究的热点。

2. CSAR 目标检测方面

高聚焦质量 CSAR 图像只是初级信息产品,需进一步实现基于图像的目标检测和分类识别。当前,国内对于 CSAR 目标的研究重点尚集中于 CSAR 高精度成像处理技术方面,而国外已着手开展高性能叶簇隐蔽目标检测/识别方法研究。然而,目前公开报道CSAR叶簇隐蔽目标检测研究成果的文献寥寥无几。2004年,瑞典FOI与法国ONERA合作开展了VHF波段的机载FOPEN CSAR试验,试验目的是探究该系统对叶簇隐蔽目标检测性能。试验中对比分析了相同试验条件不同成像模式下(LSAR与CSAR)的叶簇隐蔽目标检测性能。试验结果表明:利用变化检测(Change Detection,CD)方法检测概率可由LSAR的0.7提升至CSAR的0.9[47]。由此可见,在相同检测方法下CSAR可大幅提高叶簇隐蔽目标的检测性能。试验中,研究人员仅仅将传统LSAR检测算法应用于CSAR图像,尚未充分利用CSAR回波中包含的目标多(全)角度散射信息。若能充分利用到CSAR数据中所蕴含的丰富信息,将进一步提高系统对叶簇隐蔽目标检测性能。因此,开展相关研究具有重要意义。国内方面,目前中科院电子所、国防科技大学和中国电子科技集团第三十八所开展了CSAR机载试验,获取了实测图像,对CSAR目标检测技术问题进行初步研究。如何对CSAR全角度特性进一步挖掘,开发与之相适应的目标检测方法,还有许多工作可以做。

3. 雷达三维成像

近些年,雷达三维成像技术越来越受到国内外遥感领域的关注。人们先后实现了基于多基线LSAR的TomoSAR三维成像,基于单基线CSAR的目标三维图像重构和基于多基线CSAR的HoloSAR全景三维成像。早在2006年,美国俄亥俄州立大学和AFRL等科研机构合作开展的基于X波段CSAR的成像技术研究中,就涵盖了单基线二维/三维CSAR成像和基于二维/三维CSAR图像的车辆目标分类识别技术等内容[41-42]。目前,在DARPA的资助下,上述机构仍在从事相关技术研究,取得了许多具有重要理论意义与实用价值的研究成果。此外,德国DLR在TomoSAR、HoloSAR三维成像技术方面开展了深入研究,先后录取了机载L波段TomoSAR、HoloSAR三维成像外场试验,获得了较高分辨率和较高质量的雷达三维图像[45,49]。基于获取的L波段HoloSAR三维图像,DLR成功分辨出了树干、树冠、叶簇隐蔽下的车辆和道路等信息,从而证明了雷达三维图像在SAR图像观测场景解译方面的潜在优势。为减小HoloSAR多基线成像带来的高成本,美国空军研究实验室的K. E. Dungan[41]提出了一种基于单基线全极化CSAR数据的车辆三维图像重构方法,该方法利用极化信息提取由车辆基本轮廓产生的偶反射属性散射中心,然后选取矩形框去拟合来自偶反射的散射属性中心分布,进而重构车辆的三维图像。该方法虽然不具有完全高度向分辨率,但相较于HoloSAR,仅需单基线全极化CSAR数据,大大降低了三维图像获取成本及算法复杂度,且在一定程度上提高了算法的处理效率。

国内方面,国防科技大学邢世其开展了阵列下视三维成像和多极化TomoSAR

三维成像[86],冯东开展了基于单目标的全景三维成像的 HoloSAR 技术,但总体与国外研究水平仍有较大差距,在实现雷达大场景三维成像的 HoloSAR 技术研究领域还有较大进步空间。

当前,以美国 DARPA、AFRL、通用原子公司和德国 DLR、瑞典 FOI、法国 ONERA 等为代表的西方高水平科研机构正在积极开展不同频段新体制 CSAR 成像技术研究,并成功将所取得的研究成果应用于叶簇隐蔽目标检测、车辆目标分类识别、观测场景三维图像重构和视频成像[87-88]等方面,积累了较为丰富的试验经验。尽管已有少数科研单位开始从事 CSAR 相关技术研究,但与国外相比,我国 CSAR 技术研究仍处于初始阶段,一些关键难点问题未能有效解决。

与常规 LSAR 成像技术相比,CSAR 成像技术具有独特优势,但也面临一些亟待解决的问题,主要包括:

(1) 高精度成像处理。CSAR 具有的全景成像优势已经得到业内专家广泛认可,但其缺陷也不可忽视。首先,CSAR 成像具有很长的合成孔径和 360°的方位积累角,导致其不仅回波数据处理量大,而且二维空变性强、距离方位完全耦合;其次,当 DEM 数据精度较低时,地形起伏误差在机载 CSAR 成像处理中影响不可忽略,从而增加了高精度 CSAR 实测数据处理难度。

(2) 高精度运动补偿。运动误差补偿是机载 SAR 成像不可避免的难题。由于机载 CSAR 合成孔径时间长,因此合成孔径内的运动误差更加复杂,运动补偿问题更为严峻,实现高精度补偿的难度更大。大多数国外相关科研单位在机载 CSAR 实测数据处理中,通过在观测场景中放置定标器来进行运动误差补偿,然而,在实际应用中,在观测场景放置标定物的方法实践操作性不强。在国内机载 CSAR 实测数据处理中,中国科学院电子所的学者提出了适用于 CSAR 的极坐标成像算法(Polar Format Algorithm,PFA),并提出了基于逆回波生成的相位梯度自聚焦(Phase Gradient Autofocus,PGA)算法,以解决低精度传感器导致的运动补偿问题[89-90]。然而,当回波信号距离弯曲校正(Range Cell Migration Correction,RCMC)精度不足时,基于图像域数据估计与补偿相位误差的 PGA 算法性能将大大降低,难以达到令人满意的自聚焦效果。此外,尽管以 PFA 为代表的频域算法具有易与自聚焦算法相结合和计算效率高等优势,但也存在着成像场景小、场景边缘几何形变大等缺点,且通常使用的近似处理在一定程度上对超高分辨率 CSAR 的成像精度造成了影响。

(3) 三维图像重构。美国空军研究实验室的学者提出了一种基于单基线全极化 CSAR 数据的车辆三维图像重构方法。相较于 HoloSAR,该方法仅需单基线全极化 CSAR 数据,大大降低了三维图像获取成本及算法复杂度,在一定程度上提高了算法的处理效率。然而,该方法将车辆轮廓作矩形化处理,形成多维变量搜索过程,极大增加了计算量,降低了算法效率,削弱了车辆轮廓特征,不利于后续进行车辆分类识别。尽管该方法不需要多条基线 CSAR 数据,但需要多种极化 CSAR 数据,导致其运算量大,三维图像重构成本高。

本书围绕 CSAR 高分辨率成像技术和基于 CSAR 数据的三维图像重构技术进行论述,利用大量的仿真实验和实测数据处理验证了所提数学理论模型、高精度成像算法及三维图像重构方法的有效性。

1.3 本书内容

本书具体内容安排如下:

1. CSAR 系统特性(第 2 章)

本章基于成像处理技术研究的需要,论述了 CSAR 系统特性,主要包括成像几何、回波信号模型和点目标脉冲响应函数,并对相干和非相干成像两种不同成像处理方法下的 CSAR 分辨率进行了详细的分析比较。

2. 机载 CSAR 成像算法研究(第 3 章)

本章介绍了现有 SAR 时域算法以及 CSAR 快速时域成像算法,分析了地形起伏误差对 CSAR 成像的影响。

3. CSAR 成像自聚焦算法研究(第 4 章)

针对机载 CSAR 实测数据的运动补偿问题,论述了结合 CSAR 时域成像方法的自聚焦方法,降低了对传感器精度的要求,获得良好的自聚焦效果。其中详细论述了我们提出的适用于 CSAR 成像处理的新技术:

(1) 针对传统基于 BP 自聚焦算法的运算量大、执行效率低、聚焦性能差等问题,提出了一种可结合 BP 成像处理的改进自聚焦算法(Extended Autofocus Backprojection,EABP),提高了自聚焦处理效率,解决场景能量分布不均匀而影响相位误差估计精度等问题,大幅度地提高了自聚焦处理效果。

(2) 基于子孔径处理思想,提出了一种机载 CSAR 实测数据成像处理方法。基于所提方法,设计并实现了小型机载 CSAR 实测数据高精度成像的处理流程,并用机载 CSAR 实测数据成像处理验证了该流程的良好实用性能。

4. 基于 CSAR 数据的目标检测与三维图像重构(第 5 章)

本章围绕 CSAR 数据中目标的三维图像重构展开,利用 CSAR 图像特性,分别论述了车辆目标检测方法和目标三维图像重构方法。其中详细论述了我们提出的基于 CSAR 数据的三维图像重构技术:

(1) 为从图像中将待重构目标分割出,提出了一种基于多高度平面成像融合的车辆目标检测方法。所提方法能有效分割出场景中的密集车辆目标。

（2）提出了一种基于单基线单极化 CSAR 数据的车辆三维图像重构方法。所提方法应用于 CSAR 电磁仿真/机载实测数据，重构出了高质量的车辆 3D 图像，获得了高精度的车辆尺寸估计结果。

5. 公开实测数据解析及处理(第 6 章)

本章介绍常用于 CSAR 研究的公开民用车辆模拟电磁散射数据 CVDomes 与实测数据集 Gotcha。

第2章

CSAR系统特性

近年来,传统SAR成像技术日趋完善成熟,人们开始探索不同构型、不同工作模式下的新体制SAR成像技术,如双站SAR[91]、曲线SAR等[92]。国内外研究机构纷纷开展了各种相关机载、星载试验,使新模式新构型的SAR技术在算法理论与硬件系统上得到验证。国内外学者已就SAR系统特性,如成像空间几何、回波信号模型、分辨率特性等方面开展了大量的研究,为SAR的系统研制、回波数据处理和成像应用奠定了良好基础。CSAR系统属于曲线宽角度SAR中的特例,其轨迹为围绕场景的圆轨迹,能对场景实现360°全方位观测。这种非直线轨迹、长时间大积累角的观测导致系统成像出现严重距离方位耦合和复杂的距离徙动,增加了CSAR精确成像的复杂度,使已有基于直线轨迹推导的单站SAR算法难以完全适用。在进行CSAR成像算法研究、系统研制和试验之前,有必要对CSAR系统的特殊成像空间几何、回波信号模型、脉冲响应函数和分辨率特性等问题展开研究,以帮助我们掌握此类构型SAR系统的特性,为成像处理算法的分析推导提供理论基础。

本章的研究内容如下:2.1节介绍了CSAR系统的成像几何和回波信号模型;2.2节给出了CSAR系统的点目标响应函数;2.3节推导了CSAR在相干和非相干成像下空间分辨率估计方法。

2.1 CSAR 回波信号模型

2.1.1 成像几何

SAR成像技术的基本原理是通过雷达搭载平台的运动形成一个长虚拟合成孔径,从而获得实孔径天线无法达到的方位分辨率。对于积累角为ϕ_1的正侧视SAR,其方位分辨率可以表示为[93]

$$\delta_A = \frac{k_A \lambda_c}{4\sin(\phi_I/2)} \quad (2-1)$$

式中：k_A 为孔径加权引起的方位向展宽因子；λ_c 为雷达中心频率对应的波长。由式(2-1)可见，在固定系统载频下，要提高图像的方位分辨率，需增大方位积累角 ϕ_I，在 LSAR 中方位积累角与合成孔径长度成正比，因此增加成像合成孔径长度可以达到提高方位分辨率的目的。

传统 SAR 成像模式以雷达搭载平台做直线运动为主，聚束模式和条带模式是其中最常用的工作模式。如图 2-1 所示，条带模式的天线方位向波束指向，相对于搭载平台保持不变，能够进行连续的大面积成像。聚束模式则通过控制天线方位向波束指向来调整雷达视线角，使其固定指向某一场景（图 2-2）。该模式增加了方位向积累角，从而达到增加方位分辨率的目的。

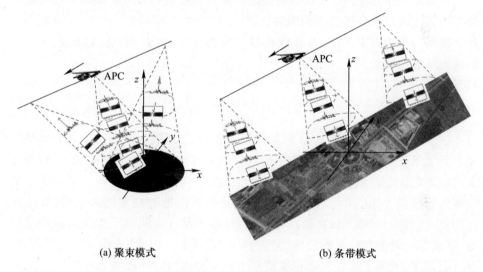

(a) 聚束模式　　　　　　(b) 条带模式

图 2-1　LSAR 成像几何

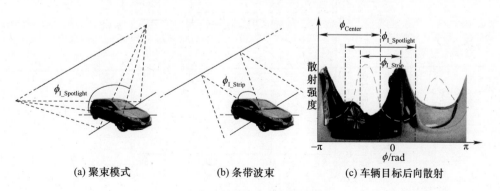

(a) 聚束模式　　　(b) 条带波束　　　(c) 车辆目标后向散射

图 2-2　对单一目标的观测角

假设两种模式下,观测过程中飞行平台的轨迹长度皆为 L_{Aper},对于条带 SAR 成像模式下,观测场景的最大合成孔径长度由天线波束宽度 $\phi_{Antenna}$ 决定,为

$$L_{Syn} = 2R_T \tan \frac{\phi_{Antenna}}{2} \leqslant L_{Aper} \tag{2-2}$$

式中:R_T 为天线到被观测目标之间的最小斜距。

该目标最大孔径积累角为

$$\phi_{I\_Strip} = 2\arctan \frac{L_{Syn}}{2R_T} = \phi_{Antenna} \tag{2-3}$$

在条带 SAR 模式中,天线波束宽度决定目标能被有效侦察到最大孔径积累角。受天线收发功率等方面的限制,天线波束宽度不能随着天线尺寸的减小而任意提高。对于聚束 SAR,其合成孔径长度即为平台运动长度,因此观测目标的最大反射积累角为

$$\phi_{I\_Spotlight} = 2\arctan \frac{L_{Syn}}{2R_T} \tag{2-4}$$

如图 2-3 所示,聚束 SAR 积累角随着孔径长度增长而增大,当平台运动趋于一条无限长直线时,理论积累角 $\phi_{I\_Spotlight}$ 接近于 180°,而实际中无法达到如此大的积累角。在自然场景中,绝大部分目标的后向散射系数随着其观测的方位角变化而改变。如图 2-2(c)所示,车辆目标后向散射在主侧面最强,其他方位则相对较弱。采取 LSAR 模式对其观测,难以保证观测角度覆盖车辆强散射面,在成像结果中存在车辆目标的"正测闪烁"现象。因此 LSAR 模式对目标观测有限角度,限制了其在实际军事侦察中对非合作目标的检测能力。

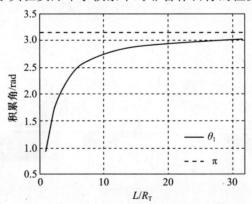

图 2-3 聚束 SAR 积累角与孔径长度的关系

第2章 CSAR系统特性

而CSAR围绕场景观测一周,对场景实施了全方位观测,能有效地获取观测场景的全方位散射信息。

机载CSAR成像几何如图2-4所示。雷达系统搭载平台在与xy轴平行的平面绕着z轴,做半径为R_{xy}、切向速度为V的360°圆轨迹飞行。平台飞行高度为H,雷达视线方向始终指向场景中心O。设飞行平台位于x正半轴上时为慢时间η的零时刻点,则方位角为$\phi(\eta)$,以x轴为相对起点,取值为$\phi(\eta) = V\eta/R_{xy}$。设雷达俯仰角$\theta$、雷达平台相对场景中心的瞬时斜距$R_c$在整个运动过程中保持不变。记$\eta$时刻雷达天线相位中心位置矢量为$l(\eta) = (x(\eta), y(\eta), H)$,同时保持理想运动轨迹时有以下几何关系:

$$\begin{cases} x(\eta) = R_{xy} \times \cos[\phi(\eta)] \\ y(\eta) = R_{xy} \times \sin[\phi(\eta)] \\ R_c = \sqrt{R_{xy}^2 + H^2} \end{cases} \quad (2-5)$$

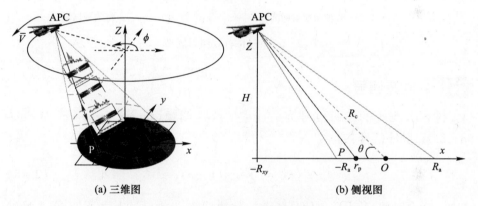

图2-4 机载CSAR成像几何

设点P为观测场景中任意点目标,其位置矢量可以表示为$r_P = (x_P, y_P, z_P)$,则天线相位中心$l(\eta)$到点目标P之间的瞬时斜距为

$$R(l(\eta), r_P) = \sqrt{(x(\eta) - x_p)^2 + (y(\eta) - y_p)^2 + (H(\eta) - z_p)^2} \quad (2-6)$$

对于CSAR,当成像几何确定后,不考虑波束指向的抖动,有效成像场景由波束在地面的投影重合面决定。设天线波束主瓣在俯仰向宽度为θ_{BW_E},方位向宽度为θ_{BW_A},则如图2-5(a)所示波束照射至观测平面形成的椭圆面的两轴长度分别为

$$\begin{cases} R_{ScR} = H\left\{\tan\left[\arctan\left(\dfrac{R_{xy}}{H}\right) + \dfrac{\theta_{BW\_E}}{2}\right] - \tan\left[\arctan\left(\dfrac{R_{xy}}{H}\right) - \dfrac{\theta_{BW\_E}}{2}\right]\right\} \\ R_{ScA} = 2\sqrt{H^2 + R_{xy}^2} \tan\left(\dfrac{\theta_{BW\_A}}{2}\right) \end{cases} \quad (2-7)$$

在雷达运动过程中始终被波束照射到的区域为一圆形区域,如图 2-5(b) 所示,其半径为 $R_{Sc} = \min(R_{ScR}, R_{ScA})$。

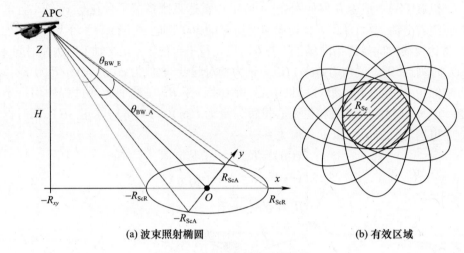

(a) 波束照射椭圆　　　　(b) 有效区域

图 2-5　CSAR 有效照射区域

2.1.2　回波信号

设 SAR 系统的发射信号为一连串的线性调频(Linear Frequency Modulation,LFM)脉冲信号,为

$$s_T(t) = \sum_{n=1}^{N} s_{\text{pul}}(t - nT) \tag{2-8}$$

式中:t 为全时间;N 为发射信号包含的脉冲总数;T 为脉冲重复周期,单个脉冲的线性调频信号为

$$s_{\text{pul}}(\tau) = \text{rect}\left(\frac{\tau}{T_P}\right) \exp(j2\pi f_c \tau + j\pi K \tau^2) \tag{2-9}$$

式中:rect(·)表示矩形窗函数;τ 为快时间变量;T_P 为发射信号的脉冲宽度;f_c 为发射信号中心频率;K 为线性调频率。

发射信号经过观测场景中任意点目标 P 反射后,返回接收天线处的点目标回波信号为

$$s_r(t;\bm{r}_P) = \sigma_P(t;\bm{r}_P) w_P(t;\bm{r}_P) \sum_{n=1}^{N} s_{\text{pul}}(t - nT - 2R(\bm{l}(t),\bm{r}_P)/c) \tag{2-10}$$

式中:$\sigma_P(t;\bm{r}_P)$ 表示目标 P 的后向散射系数;$w_P(t;\bm{r}_P)$ 为天线调制因子;c 为光速常量。将式(2-9)代入式(2-10)后,可得

$$s_r(t;\boldsymbol{r}_P) = \sigma_P(\boldsymbol{l}(t);\boldsymbol{r}_P) w_P(\boldsymbol{l}(t);\boldsymbol{r}_P) \sum_{n=1}^{N} \text{rect}\left[\frac{(t - nT - 2R(\boldsymbol{l}(t),\boldsymbol{r}_P)/c)}{T_P}\right] \times$$
$$\exp[j2\pi f_c(t - nT - 2R(\boldsymbol{l}(t),\boldsymbol{r}_P)/c)] \times$$
$$\exp[j\pi K(t - nT - 2R(\boldsymbol{l}(t),\boldsymbol{r}_P)/c)^2] \tag{2-11}$$

CSAR 同样基于"走-停-走"的假设,即由于天线运动的速度远小于电磁波的速度,故在一个脉冲时间内信号在发射至被接收过程中,忽略天线位置的变化,将其视为保持静止不动。可将慢时间 $\eta = nT$ 作为描述天线运动的时间量,快慢时间之间的关系有

$$t = nT + \tau \tag{2-12}$$

式(2-11)中 $\sigma_P(\boldsymbol{l}(t);\boldsymbol{r}_P)$、$w_P(\boldsymbol{l}(t);\boldsymbol{r}_P)$ 受目标和天线之间相对位置的影响。根据上述假设可以忽略其中的快时间变量,即有 $\sigma_P(\boldsymbol{l}(t);\boldsymbol{r}_P) \approx \sigma_P(\boldsymbol{l}(\eta);\boldsymbol{r}_P)$,$w_P(\boldsymbol{l}(t);\boldsymbol{r}_P) \approx w_P(\boldsymbol{l}(\eta);\boldsymbol{r}_P)$。将式(2-12)代入式(2-11),可将回波信号用快时间 τ 与慢时间 η 这两个独立的变量来表示,即

$$s_r(\eta,\tau;\boldsymbol{r}_P) = \sigma_P(\boldsymbol{l}(\eta);\boldsymbol{r}_P) w_P(\boldsymbol{l}(\eta);\boldsymbol{r}_P) \text{rect}\left[\frac{(\tau - 2R(\boldsymbol{l}(\eta),\boldsymbol{r}_P)/c)}{T_P}\right] \times$$
$$\exp[j2\pi f_c(\tau - 2R(\boldsymbol{l}(\eta),\boldsymbol{r}_P)/c)] \times$$
$$\exp[j\pi K(\tau - 2R(\boldsymbol{l}(\eta),\boldsymbol{r}_P)/c)^2] \tag{2-13}$$

经过正交解调后,系统所录取的点目标回波变为

$$s_r(\eta,\tau;\boldsymbol{r}_P) = \sigma_P(\eta;\boldsymbol{r}_P) w_P(\eta;\boldsymbol{r}_P) \text{rect}\left[\frac{(\tau - 2R(\boldsymbol{l}(\eta),\boldsymbol{r}_P)/c)}{T_P}\right] \times$$
$$\exp(-j4\pi f_c R(\boldsymbol{l}(\eta),\boldsymbol{r}_P)/c) \times$$
$$\exp[j\pi K(\tau - 2R(\boldsymbol{l}(\eta),\boldsymbol{r}_P)/c)^2] \tag{2-14}$$

式(2-14)即为 CSAR 下点目标回波信号的数学模型。

实际场景中的目标可视为由多个点目标组成,因此雷达接收的回波信号是由照射场景中所有点目标回波信号累加组成,故总回波信号的表达式为

$$s(\eta,\tau) = \int_{|\boldsymbol{r}_P| \leqslant R_{sc}} s_r(\eta,\tau;\boldsymbol{r}_P) \mathrm{d}\boldsymbol{r}_P \tag{2-15}$$

2.2 脉冲响应函数

在 SAR 成像中,通常以基于点目标脉冲响应函数的 -3dB 宽度(或半能量宽度)来估计成像结果的方位分辨率和距离分辨率。对于具有小相对带宽与窄

天线波束的窄带窄波束(Narrowband – Narrowbeam, NB) SAR 系统,脉冲响应函数的二维 sinc 函数近似具有很高精度。二维/快速 sinc 函数可用于 SAR 图像质量评估和 SAR 空间分辨率估计,但仅限于 NB SAR 系统。对于宽方位积累角,甚至全方位积累角的 CSAR 系统,点目标 SAR 图像的二维快速傅里叶变换(Fast Fourier Transform, FFT)不再是二维矩形函数。同时,其点目标 SAR 图像对应的脉冲响应函数比较复杂,在图像域内的形式不能再简单地表示成一个二维 sinc 函数,否则将在进行图像质量评估与空间分辨率估计时导致较大失真,因此必须建立一个能够更加准确描述 CSAR 点目标脉冲响应特点的函数形式。

2.2.1 LSAR 脉冲响应函数

传统的 LSAR 系统中,通常称天线运动方向为方位向,信号电磁波运动方向为距离向。但在 CSAR 系统中,天线运动做圆周运动,其轨迹方向不断改变,因此对于一个完整孔径的 CSAR 难以用 LSAR 中的方位向和距离向定义系统坐标。为统一阐述,本小节令 x、y 分别表示 LSAR 方位向和距离向,而在 CSAR 极坐标系中,它们分别对应于 $0°$ 方向和 $90°$ 方向。

信号频率可以用波数 k 表示,通常定义为角频率 ω 除以等效速度,在单站 SAR 中电磁波为双程传播,故其等效速度可视为 $c/2$,则有

$$k = \frac{\omega}{c/2} = \frac{2\pi f}{c/2} = \frac{4\pi}{\lambda} \tag{2-16}$$

式(2-16)表示波数又可以等效为 4π 除以波长,则令 k_x、k_y 表示在斜距平面上方位向和距离向的波数,它们之间的关系可表示为

$$\omega = \frac{c}{2}\sqrt{k_x^2 + k_y^2} \tag{2-17}$$

设点目标在 SAR 图像域表示函数 $h(x,y)$,则它经二维 FFT 变换所得波数域内的结果可表示为

$$H(k_x, k_y) = \int_{-\infty}^{+\infty}\int_{-\infty}^{+\infty} h(x,y) \cdot e^{-j(k_x x + k_y y)} dx dy \tag{2-18}$$

根据傅里叶变换对的关系,点目标的 SAR 图像 $h(x,y)$ 可由 $H(k_x, k_y)$ 表示为

$$h(x,y) = \frac{1}{(2\pi)^2}\int_{-\infty}^{+\infty}\int_{-\infty}^{+\infty} H(k_x, k_y) \cdot e^{j(k_x x + k_y y)} dk_x dk_y \tag{2-19}$$

对于传统 NB SAR 系统,由于其相对带宽比和方位积累角均很小,如图 2-6 所示。因此 $k_{x,\max} - k_{x,\min} \approx 2k_c \sin\frac{\phi_I}{2}$,点目标的二维频谱近似于矩形,可表示为

$$H(k_x,k_y) \approx \begin{cases} 1, & k_{x,\min} \leq k_x \leq k_{x,\max} \\ & k_{y,\min} \leq k_y \leq k_{y,\max} \\ 0, & 其他 \end{cases} \qquad (2-20)$$

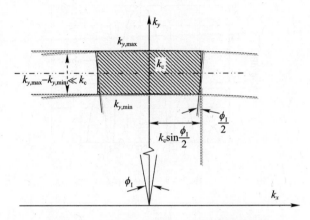

图 2-6　NB SAR 点目标二维波数域支撑

将式(2-20)代入式(2-19),忽略常数项,则点目标图像在直角坐标系内的数学表达式为(详细推导过程见附录 A)

$$h_1(x,y) \approx \mathrm{sinc}\left(\frac{k_c}{\pi}\sin\frac{\phi_1}{2}x\right) \cdot \mathrm{sinc}\left(\frac{k_{y,\max}-k_{y,\min}}{2\pi}y\right) \qquad (2-21)$$

式中:k_c 为中心波数;ϕ_1 为方位积累角。式(2-21)也可称为 NB SAR 系统的脉冲响应函数。

根据 SAR 图像质量评估的定义[94],空间分辨率、积分旁瓣比(Integrated SideLobe Ratio,ISLR)和峰值旁瓣比(Peak SideLobe Ratio,PSLR)等为评价 SAR 图像质量的主要性能参数。这些图像质量评价指标可基于点目标的脉冲响应函数[95-97]进行估计。通常定义分辨率为压缩后信号中脉冲主瓣的两个 -3dB 点之间的间隔,即脉冲峰值幅度下降至最大值的 0.707 倍处的脉冲宽度。为获取方位与距离的分辨率,可以通过式(2-21)中的 sinc 函数,得

$$\begin{aligned} 20 \times \log\left[\mathrm{sinc}\left(\frac{k_c}{\pi}\sin\frac{\phi_1}{2}x\right)\right] &= -3\mathrm{dB} \\ 20 \times \log\left[\mathrm{sinc}\left(\frac{k_{y,\max}-k_{y,\min}}{2\pi}y\right)\right] &= -3\mathrm{dB} \end{aligned} \qquad (2-22)$$

其中 sinc 函数的定义为

$$\mathrm{sinc}(t) = \frac{1}{2\pi}\int_{-\pi}^{\pi} e^{jwt} dw = \begin{cases} 1, & t=0 \\ \dfrac{\sin(\pi t)}{\pi t}, & t \neq 0 \end{cases} \qquad (2-23)$$

由积分表达式可见，sinc 函数可理解为宽为 2π、高为 1 的矩形脉冲的逆傅里叶变换结果。如图 2-7 所示，可得在取值正负 0.4422 时，$20 \times \log[\text{sinc}(\pm 0.4422)] \approx -3$。

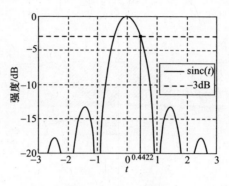

图 2-7 sinc 函数

故有

$$\frac{k_c}{\pi}\sin\frac{\phi_1}{2}\frac{\delta_{N,x}}{2}=0.4422 \qquad (2-24)$$

$$\frac{k_{y,\max}-k_{y,\min}}{2\pi}\frac{\delta_{N,y}}{2}=0.4422$$

又

$$k_c\sin\frac{\phi_1}{2}=\frac{4\pi}{\lambda_c}\sin\frac{\phi_1}{2} \qquad (2-25)$$

$$\frac{k_{y,\max}-k_{y,\min}}{2}=\frac{4\pi f_{y,\max}-4\pi f_{y,\min}}{2\times c/2}=\frac{4\pi B}{c}$$

将式 (2-25) 代入式 (2-24) 可得，方位向和距离向的分辨率分别为

$$\rho_{N,x}=\frac{0.2211\lambda_c}{\sin\frac{\phi_1}{2}}\approx\frac{\lambda_c}{4\sin\frac{\phi_1}{2}} \qquad (2-26)$$

$$\rho_{N,y}=\frac{0.4422c}{B}\approx\frac{c}{2B}$$

需注意的是，上述距离分辨率为参考斜距平面分辨率，若所求为地距分辨率，则根据参考斜距平面与地面的夹角，即电磁波对于场景中心的入射角 θ，将上式更新为

$$\rho_{N,x} = \frac{\lambda_c}{4\sin\frac{\phi_1}{2}} \tag{2-27}$$

$$\rho_{N,y} = \frac{c\csc\theta}{2B} \tag{2-28}$$

式中:$\csc(\cdot)$为余割函数。若方位积累角 ϕ_1 很小,满足 $\sin\frac{\phi_1}{2} \approx \frac{\phi_1}{2}$ 条件,则方位向分辨率可以进一步简化为

$$\rho_{N,x} = \frac{\lambda_c}{2\phi_1} \tag{2-28}$$

式(2-28)常在工程上用以粗略估计传统 LSAR 的方位分辨率。

随着 SAR 成像模式和所采用发射信号的多样化,将二维支撑域视为矩形的假设越来越不适应分辨率精确估计的需求。如超宽带 SAR(Ultra Wide – Band SAR, UWB SAR),其大方位积累角、大相对带宽的特点使其二维支撑域呈现为一个扇形,与矩形相差甚远。图 2-8 给出了 LSAR 点目标在斜距平面上的通用二维波数支撑域。

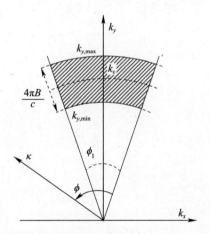

图 2-8 LSAR 点目标通用二维波数支撑域

为便于推导和获取更通用的结果,将其由 (k_x, k_y) 转换到归一化后的极坐标系 (κ, ϕ) 上,两坐标相互转换关系为

$$\begin{cases} \dfrac{k_x}{k_c} = \kappa\cos\phi \\ \dfrac{k_y}{k_c} = \kappa\sin\phi \end{cases} ; \quad \begin{cases} x = \dfrac{\rho\cos\varphi}{k_c} \\ y = \dfrac{\rho\sin\varphi}{k_c} \end{cases} \tag{2-29}$$

式中:(ρ,φ)为对应的图像域极坐标系。则 SAR 点目标二维波数域支撑可表示为

$$H(\kappa,\phi) = \begin{cases} 1, & -\phi_I/2 \leq \phi \leq \phi_I/2; 1-B_r/2 \leq \kappa \leq 1+B_r/2 \\ 0, & \text{其他} \end{cases} \quad (2-30)$$

式中:B_r 为信号带宽与信号中心频率的比值,即相对带宽比为

$$B_r = \frac{k_{\rho\max} - k_{\rho\min}}{k_c} = \frac{4\pi f_{\max}/c - 4\pi f_{\min}/c}{4\pi f_c/c} = \frac{f_{\max} - f_{\min}}{f_c} = \frac{B}{f_c} \quad (2-31)$$

将式(2-29)、式(2-30)代入式(2-19),可得点目标脉冲响应函数在极坐标系下的积分表达形式[95]为

$$\begin{aligned} h(\rho,\varphi) &= \left(\frac{k_c}{2\pi}\right)^2 \int_{-\infty}^{+\infty}\int_{-\infty}^{+\infty} \kappa H(\kappa,\phi) \cdot e^{j(\kappa\cos\phi \cdot \rho\cos\varphi + \kappa\sin\phi \cdot \rho\sin\varphi)} d\kappa d\phi \\ &= \left(\frac{k_c}{2\pi}\right)^2 \int_{-\phi_I/2}^{\phi_I/2} \int_{1-B_r/2}^{1+B_r/2} \kappa e^{j\kappa\rho\cos(\phi-\varphi)} d\kappa d\phi \end{aligned} \quad (2-32)$$

再将式(2-30)代入式(2-32),可得点目标响应函数为(具体推导见附录 B)

$$h(\rho,\varphi) = \left(\frac{k_c}{2\pi}\right)^2 \frac{e^{-j\varphi}}{\rho} \left\{ \phi_I \sum_{n=-\infty}^{\infty} \frac{j^n}{e^{j(n-1)\varphi}} \text{sinc}\left(\frac{n\phi_I}{2\pi}\right) f_{n-1}(\rho,B_r) + g(\rho,\varphi,B_r,\phi_I) \right\} \quad (2-33)$$

其中

$$\begin{aligned} f_{n-1}(\rho,B_r) &= -\left(1+\frac{B_r}{2}\right) J_{n-1}\left[\rho\left(1+\frac{B_r}{2}\right)\right] \\ &+ \left(1-\frac{B_r}{2}\right) J_{n-1}\left[\rho\left(1-\frac{B_r}{2}\right)\right] \end{aligned} \quad (2-34)$$

以及

$$\begin{aligned} g(\rho,\varphi,B_r,\phi_I) &= B_r e^{j[\rho\cos(\phi_I/2-\varphi)+\phi_I/2]} \text{sinc}\left(\frac{B_r\rho\cos(\phi_I/2-\varphi)}{2\pi}\right) - \\ &\quad B_r e^{j[\rho\cos(\phi_I/2+\varphi)-\phi_I/2]} \text{sinc}\left(\frac{B_r\rho\cos(\phi_I/2+\varphi)}{2\pi}\right) \end{aligned} \quad (2-35)$$

式中:$J_{n-1}[\cdot]$ 为贝塞尔函数(Bessel function)。式(2-33)中,对于 LSAR 模型,极坐标系中 $\varphi=0°$ 对应方位向,$\varphi=90°$ 对应距离向。同样,上述点目标脉冲响应函数为斜距平面上的推导结果,若需其在地距上的结果,还需考虑入射角。

2.2.2 CSAR 脉冲响应函数

条带 SAR 的成像处理通常选取在斜距平面进行,尤其是频域成像,如

RD[98]、Omega-K[99]、Chirp Scaling[100]等,雷达成像结果展现在斜距平面上。而 CSAR 的回波录取面无法统一地展示在同一个斜距平面上,其完整的录取数据面可视为一个圆锥曲面,因此其三维空间的波数支撑域也可以用该曲面表示。图2-9(a)给出一个位于场景中心的点目标波数支撑域。

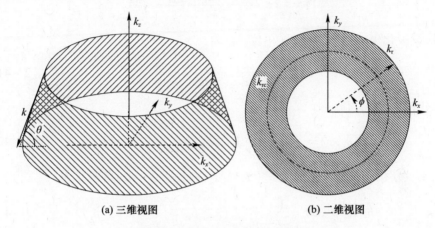

(a) 三维视图　　　　　　　(b) 二维视图

图 2-9　CSAR 波数域支撑图

为统一 CSAR 二维成像结果,通常将其呈现在水平面上,即 x-y 平面上,该平面上的波数域支撑的投影如图2-9(b)所示,其在 x-y 平面上的波数为

$$k_x = k\cos\theta\cos\phi$$
$$k_y = k\cos\theta\sin\phi \qquad (2-36)$$

式中:θ 为入射角;ϕ 为方位角。定义水平径向波数为

$$k_r = \sqrt{k_x^2 + k_y^2} \qquad (2-37)$$

对应支撑谱上的内、外圆波数半径和中心波数半径分别为

$$k_{r\min} = k_{\min}\cos\theta$$
$$k_{r\max} = k_{\max}\cos\theta \qquad (2-38)$$
$$k_{rc} = k_c\cos\theta$$

同样,依据式(2-19),可获得 CSAR 在 x-y 平面的点目标脉冲响应函数,即令式(2-33)中的积累角 ϕ_I 等于 2π,则 $g(\rho,\varphi,B_r,\phi_I=2\pi)=0$,可得

$$h_{CSAR}(\rho,\varphi) = \frac{k_{rc}^2}{2\pi\rho}\left\{-\left(1+\frac{B_r}{2}\right)J_{-1}\left[\rho\left(1+\frac{B_r}{2}\right)\right]+\left(1-\frac{B_r}{2}\right)J_{-1}\left[\rho\left(1-\frac{B_r}{2}\right)\right]\right\}$$
$$(2-39)$$

式中:同样定义 ρ 为径向距离与中心波数的比,如式(2-29)所示。为更好理解

式(2-39)，做如下处理

$$\begin{cases} 1 + \dfrac{B_r}{2} = \dfrac{2k_{rc} + k_{rmax} - k_{rmin}}{2k_{rc}} = \dfrac{k_{rmax}}{k_{rc}} \\ 1 - \dfrac{B_r}{2} = \dfrac{2k_{rc} - k_{rmax} + k_{rmin}}{2k_{rc}} = \dfrac{k_{rmin}}{k_{rc}} \end{cases} \quad (2-40)$$

同时，设极化坐标系中半径 ρ_r（单位：m）为

$$\rho_r = \dfrac{x}{\cos\varphi} = \dfrac{y}{\sin\varphi} = \dfrac{\rho}{k_c} \quad (2-41)$$

代入式(2-39)，可得

$$h_{CSAR}(\rho_r, \varphi) = -\dfrac{1}{2\pi}\left[\dfrac{k_{rmax}}{\rho_r}\mathbf{J}_{-1}(k_{rmax}\rho_r) - \dfrac{k_{rmin}}{\rho_r}\mathbf{J}_{-1}(k_{rmin}\rho_r)\right] \quad (2-42)$$

再利用贝塞尔函数性质 $\mathbf{J}_{-n}(z) = (-1)^n \mathbf{J}_n(z)$，式(2-42)可改写为

$$h_{CSAR}(\rho_r, \varphi) = \dfrac{1}{2\pi}\left[\dfrac{k_{rmax}}{\rho_r}J_1(k_{rmax}\rho_r) - \dfrac{k_{rmin}}{\rho_r}J_1(k_{rmin}\rho_r)\right] \quad (2-43)$$

由上式可见，理想点目标的 CSAR 脉冲响应函数与方位角 φ 无关，同雷达发射电磁波的载频和带宽均有关，不仅取决于信号带宽。同时 CSAR 成像中的主要指标，如分辨率、峰值旁瓣比、积分旁瓣比等，由一阶贝塞尔函数特性和载频、带宽决定。式(2-43)还可通过将两个支撑域为圆面的点目标脉冲响应函数进行相减得出。

2.3 CSAR 空间分辨率评估方法

从孔径累加的角度，CSAR 的二维成像处理主要分为两大类：相干处理与非相干处理[45,101-102]。如图 2-10 所示，相干处理即将全孔径进行相干累加，得到最终成像结果；非相干处理是通过子孔径划分并分别成像，将所获得的子图像通过非相干的方式进行累加，得到最终结果[56-57]。由上文分析可知，相干处理的高分辨率由宽角度大目标散射角提供。然而在实际场景中，绝大多数目标的有效散射角度范围很小。限制了相干处理的高分辨率优势[103]。研究报告表明：对于城镇区域的高分辨成像，由于其场景中以非各向同性散射人造目标为主，采用非相干成像处理可以带来更好的图像结果。图 2-11 为 Gotcha 实测数据中的一车辆目标在相干和非相干处理下的成像结果。由图中可以看出，在相干成像结果中，相干斑较多，且轮廓不清晰，有断续。而在非相干结果中轮廓平滑，具有很高的图像辨识度，有利于后续的车辆检测识别处理。

第 2 章　CSAR 系统特性

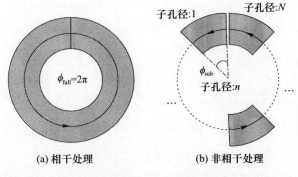

(a) 相干处理　　　　　(b) 非相干处理

图 2 – 10　CSAR 两种不同成像处理方式示意图

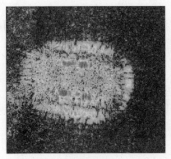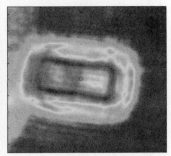

(a) 相干处理　　　　　(b) 非相干处理

图 2 – 11　CSAR 车辆目标成像结果

关于 CSAR 相干处理下的点目标脉冲响应函数，本章已在 2.2 节中做了详细的推导与分析。由于两种处理方法不同，原有基于相干处理得出的点目标脉冲响应函数不再适用非相干处理情况。已有试验结果显示，非相干处理下的空间分辨率除了与发射信号的中心频率、带宽有关外，还与处理过程中所采用的子孔径积累角有关。然而，已有文献并未对非相干处理的分辨率进行研究，限制了非相干处理在 CSAR 实测数据处理中的推广应用。

以下将对在相干和非相干成像处理下的 CSAR 空间分辨率进行深入探讨。

2.3.1　相干成像的分辨率

根据式（2 – 43），图 2 – 12 给出了在 CSAR 相干处理成像下不同载频和不同相对带宽比的点目标脉冲响应函数对比。从中可以看出：点目标的分辨率随着载频和相对带宽比的增大而提高，且载频较之相对带宽比对分辨率的影响更大；点目标响应函数的 PLSR 则主要受相对带宽比影响，随着相对带宽比的增加而降低。

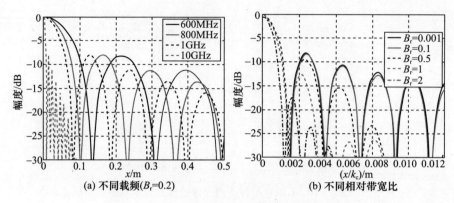

图 2-12 CSAR 点目标脉冲响应函数对比图

考虑相对带宽比极小的情形,如发射信号为点频信号的极端情况时,其波数支撑域由圆环缩减为一个圆边,此时有 $B_r = \delta(0)/k_{rc}$,则式(2-32)的积分可改写为

$$h_{CSARs}(\rho,\varphi) = \left(\frac{k_{rc}}{2\pi}\right)^2 \int_{1-\delta(0)/k_{rc}}^{1+\delta(0)/k_{rc}} \int_{-\pi}^{\pi} e^{j\kappa\rho\cos(\phi-\varphi)} d\phi\kappa d\kappa \quad (2-44)$$

根据 Hankel 变换[104],又有

$$J_0(z) = \frac{1}{2\pi}\int_{-\pi}^{\pi} e^{jz\cos\theta} d\theta \quad (2-45)$$

式中:$J_0(z)$ 为零阶第一类贝塞尔函数。将式(2-45)代入式(2-44),可得

$$h(\rho,\varphi) = \frac{k_{rc}^2}{2\pi}\int_{1-\delta(0)/k_{rc}}^{1+\delta(0)/k_{rc}} J_0(\kappa\rho)\kappa d\kappa = \frac{k_{rc}}{2\pi}J_0(\rho) \quad (2-46)$$

由上式可知,当发射电磁波为点频信号时,CSAR 对理想点目标具有成像能力,且对应的点目标脉冲响应函数特性由零阶贝塞尔函数特性决定。图 2-13 给出了零阶贝塞尔函数,由此得出,定义为 -3dB 主瓣宽度的 CSAR 分辨率为

$$\Delta_{CSAR} = \frac{2.45}{k_{rc}} = \frac{2.45}{4\pi}\lambda_{rc}$$

$$\approx 0.1950\lambda_{rc} \quad (2-47)$$

式中:λ_{rc} 为 k_{rc} 对应的波长。若考虑入射角为 θ,则式(2-47)可更新为

$$\Delta_{CSAR} = \frac{0.1950}{\cos\theta}\lambda_{rc} \quad (2-48)$$

同时，峰值旁瓣比为

$$\text{PSLR} = -7.899\text{dB} \qquad (2-49)$$

由式(2-48)可知，CSAR下理想点目标的分辨率可达到亚波长量级。结合式(2-43)和图2-12分析，可得采用带宽信号的CSAR分辨率和峰值旁瓣比均随着相对带宽比的增大而改善。

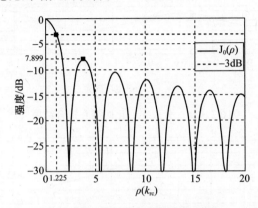

图2-13 零阶第一类贝塞尔函数

显然从式(2-43)中难以得到CSAR分辨率和峰值旁瓣比的解析表达式。但受点频发射信号的指标分析启发，我们将通过数值计算的方法获取CSAR的分辨率和峰值旁瓣比的评估表达式。首先，不考虑载频的影响，即采用归一化的CSAR点目标脉冲响应表达式(式(2-39))，对相对带宽比B_r在其取值区间$(0,2]$进行仿真；其次，获取相应的分辨率和峰值旁瓣比变化曲线；最后，通过拟合该曲线获得便于使用的分辨率和峰值旁瓣比表达式。

图2-14与图2-15分别给出了CSAR分辨率和PSLR随相对带宽比变化的曲线图和数值拟合结果，其中拟合处理采用的是三次多项式拟合。更高精度的拟合方法会导致解析表达式变得更加复杂。由图中的残留误差可以看出，三次多项式就可保证较高的拟合精度。

设分辨率的拟合因子为

$$\vartheta(B_r) = a_\vartheta B_r^3 + b_\vartheta B_r^2 + c_\vartheta B_r + d_\vartheta \qquad (2-50)$$

根据仿真数据可得，式(2-50)多项式系数为

$$\begin{cases} a_\vartheta = 0.0645 \\ b_\vartheta = -0.292 \\ c_\vartheta = 0.00918 \\ d_\vartheta = 2.25 \end{cases} \qquad (2-51)$$

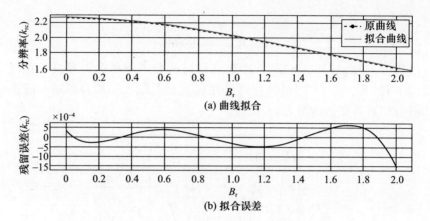

图 2-14 分辨率变化曲线和拟合结果

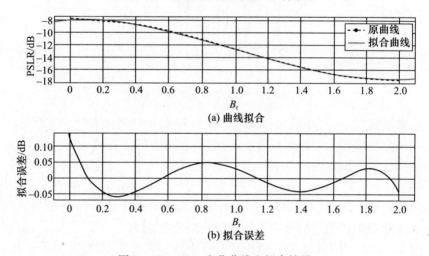

图 2-15 PSLR 变化曲线和拟合结果

则 CSAR 的分辨率为

$$\Delta_{\text{CSAR}} = \frac{\vartheta(B_r)}{4\pi\cos(\theta)}\lambda_c \quad (\text{m}) \qquad (2-52)$$

峰值旁瓣比为

$$\text{PSLR}_{\text{CSAR}} = a_\varpi B_r^3 + b_\varpi B_r^2 + c_\varpi B_r + d_\varpi \qquad (2-53)$$

其中

$$\begin{cases} a_\varpi = 3.014 \\ b_\varpi = -9.167 \\ c_\varpi = 1.533 \\ d_\varpi = -8.031 \end{cases} \qquad (2-54)$$

为验证上述 CSAR 相干处理的分辨率计算式的准确性,本节给出了点目标成像仿真结果。x–y 提供了仿真所用的系统参数,并采用成像误差最小的成像算法——BP 算法来处理回波数据。同时,将所提的分辨率评估方法和文献[45]的方法进行了比较分析,实验结果如图 2-16 所示。由仿真结果可发现,相比较于文献[45]的方法,所提方法能更准确地估计出 CSAR 相干成像处理下的空间分辨率和 PSLR。

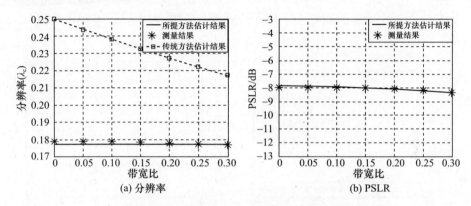

图 2-16　仿真点目标的成像质量参数测量

对于 CSAR 高度向分辨率同样可以利用其波数支撑域高度向的投影来估计。将 CSAR 三维空间谱在 x–z 平面进行投影,可得图 2-17 所示的高度–方位频谱,该频谱近似梯形,根据本小节中的分析,只考虑中心位置处的频谱宽度,可将在高度向的点响应函数写为

$$h_z(z) \approx A \cdot \text{sinc}\left(\frac{k_{z,\max} - k_{z,\min}}{2\pi} z\right) \qquad (2-55)$$

其中 A 为常数,并有

$$\frac{k_{z,\max} - k_{z,\min}}{2} = \frac{2\pi B_z}{c} = = \frac{2\pi B \sin(\theta)}{c} \qquad (2-56)$$

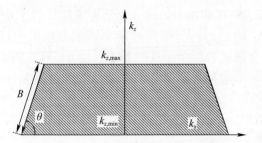

图 2-17　CSAR 波数域 x–z 平面支撑图

则可得高度向分辨率为

$$\Delta_z = \frac{0.4422c}{B\sin(\theta)} \qquad (2-57)$$

由式(2-57)可见,完整 CSAR 圆周的高度向分辨率取决于信号带宽和入射角决定的高度向投影带宽。图 2-18 给出了带宽分别为 600MHz、200MHz 和 100MHz 下,不同中心频率下的点目标高度分辨率估计值与理论值的对比仿真。与仿真结果相比,理论估计误差小于 3%,能较准确地估计出 CSAR 高度向分辨率。

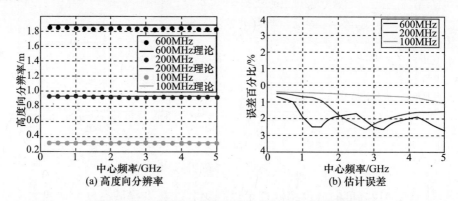

图 2-18 不同中心频率下的点目标的仿真结果对比

需说明的是,高度向的带宽投影会产生高度向分辨率的原理同样适用于 LSAR 情况。因此在高度向分辨率上,CSAR 和 LSAR 并无太大区别。但由于 LSAR 观测孔径较小,不同高度位置的目标与雷达之间的距离历程可能相同,导致其无法区分高度向的差别。而在 CSAR 完整孔径观测过程中,处于不同高度位置的目标与雷达间的距离不可能保持完全相同的状态,故可区分场景中目标的高度,这使得 CSAR 具有三维成像能力。

2.3.2 非相干成像的分辨率

本小节将分析 CSAR 非相干处理下的分辨率和其估计方法。CSAR 非相干处理可以分为三大步骤。首先,根据分辨率需求和场景中目标实际散射角情况,将全孔径数据分割成若干个子孔径数据。然后,对这些子孔径数据分别进行成像处理,可采用极坐标算法或者后向投影算法(Back Projection Algorithm,BPA)。最后,通过插值,将所有子图像投影到同一坐标系,并进行非相干累加得到最终的成像结果。基于上述方法,本小节将对该处理方法下的点目标脉冲响应函数进行推导。

设分割成的子孔径积累角为 ϕ_{sub},则子孔径的个数为 $N = 2\pi/\phi_{sub}$。子孔径

第 2 章　CSAR 系统特性

的点目标脉冲响应函数精确表达式同样可由式(2-32)表示。不同方位角对应的子孔径的点目标脉冲响应函数可以通过旋转其方位中心角来获取,并将这些子孔径非相干累加,则非相干处理下的 CSAR 点目标脉冲响应函数为

$$h_{\text{non}}(\rho,\varphi) = \sum_{n=0}^{N-1} |h(\rho,\varphi + n\phi_{\text{sub}})| \qquad (2-58)$$

联立式(2-58)和式(2-32),可得

$$h_{\text{non}}(\rho',\varphi) = \left(\frac{k_c}{2\pi}\right)^2 \sum_{n=0}^{N-1} \left| \frac{e^{-j(\varphi+n\phi_{\text{sub}})}}{\rho'} \left\{ \phi_{\text{sub}} \sum_{m=-\infty}^{\infty} \left\{ \frac{j^m}{e^{j(m-1)(\varphi+n\phi_{\text{sub}})}} \text{sinc}\left(\frac{m\phi_{\text{sub}}}{2\pi}\right) \times \right. \right.$$
$$\left\{ \left(1-\frac{B_r}{2}\right) J_{m-1}\left[\left(1-\frac{B_r}{2}\right)\rho'\right] - \left(1+\frac{B_r}{2}\right) J_{m-1}\left[\left(1+\frac{B_r}{2}\right)\rho'\right] \right\} \right\} -$$
$$e^{j\rho'\cos\left(\frac{\phi_0}{2}+(\varphi+n\phi_{\text{sub}})\right)-j\frac{\phi_{\text{sub}}}{2}} B_r \text{sinc}\left(\frac{B_r}{2\pi}\cos\left(\frac{\phi_{\text{sub}}}{2}+(\varphi+n\phi_{\text{sub}})\right)\rho'\right) +$$
$$\left. e^{j\rho'\cos\left(\frac{\phi_{\text{sub}}}{2}-(\varphi+n\phi_{\text{sub}})\right)+j\frac{\phi_{\text{sub}}}{2}} B_r \text{sinc}\left(\frac{B_r}{2\pi}\cos\left(\frac{\phi_{\text{sub}}}{2}-(\varphi+n\phi_{\text{sub}})\right)\rho'\right) \right\} \right|$$

$$(2-59)$$

由式(2-59)可见,非相干处理下的点目标脉冲响应函数主要由相对带宽比 B_r 和子孔径积累角 ϕ_{sub} 所决定。显然式(2-59)结构复杂,且操作性不强。实际中,非相干成像处理所选取的子孔径积累角较小[105],子孔径频谱可近似为一个二维矩形函数。因此,在式(2-59)中的 $h(\rho,\varphi+n\phi_{\text{sub}})$ 可以采用更简洁的近似表示式,即式(2-21)代替。对于高波段 CSAR 系统,如工作在 X 波段的 Gotcha 系统,能满足上述近似处理。因此,利用式(2-21),可将式(2-59)重写为

$$h_{\text{non}}(\rho,\varphi) = \sum_{n=0}^{N-1} \left| \text{sinc}\left(\frac{k_{y,\text{max}}-k_{y,\text{min}}}{2\pi}\rho\sin(\varphi+n\phi_{\text{sub}})\right) \right.$$
$$\left. \text{sinc}\left(\frac{k_c}{\pi}\sin\frac{\phi_{\text{sub}}}{2}\rho\cos(\varphi+n\phi_{\text{sub}})\right) \right| \qquad (2-60)$$

在非相干处理下,位于场景中心处的理想点目标在 CSAR 图像中同样呈现为各向相等的圆点。因此,式(2-60)关于 φ 对称,换言之,与 φ 无关。所以,为简化式(2-60),取 φ 为零,同时为得到更具一般性的结果,对式(2-60)采取了相对于中心波数 k_c 的归一化,然后可得

$$h_{\text{non}}(\rho',0) = \sum_{n=0}^{N-1} \left| \text{sinc}\left(\frac{B_r}{2\pi}\rho'\sin(n\phi_{\text{sub}})\right) \text{sinc}\left(\frac{1}{\pi}\sin\frac{\phi_{\text{sub}}}{2}\rho'\cos(n\phi_{\text{sub}})\right) \right|$$

$$(2-61)$$

由式(2-61)可见,CSAR 基于非相干成像处理下的点目标脉冲响应表达式由相对带宽比 B_r 和所划分的子孔径积累角 ϕ_{sub} 决定。需注意的是,式(2-61)是基于子孔径积累角符合窄波束窄带假设(方位分辨率差于距离分辨率或者相对带宽比小于20%)[106]条件下成立的。若划分的子孔径空间不满足该情况,仍需参考复杂的式(2-59)进行计算。

当给定 B_r 和 ϕ_{sub} 时,通过计算点目标脉冲响应函数的 -3dB 宽度可求得其分辨率,即求解下式:

$$h_{non}(\rho',0) = -3\text{dB} \quad (2-62)$$

显然,式(2-62)难以得出关于 ρ' 的根解析表达式。因此,本节采取数值分析的方法寻找 B_r 和 ϕ_{sub} 两个变量与根之间的关系。采用与文献[96]中分辨率表达式相同的形式,有

$$\Delta_\rho = \Gamma(B_r, \phi_{sub})/k_c \quad (2-63)$$

式中:Δ_ρ 为通过 CSAR 点目标脉冲响应函数估计得到的非相干分辨率,定义 $\Gamma(B_r, \phi_{sub})$ 为波数展开因子。下面我们将对波数展开因子进行数值分析。由于该因子由 B_r 和 ϕ_{sub} 两变量决定,则基于这两个变量的 $\Gamma(B_r, \phi_{sub})$ 仿真结果如图2-19所示。

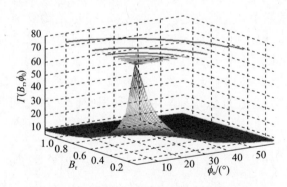

图2-19 不同子孔径积累角与相对带宽比下波数展开因子的仿真结果

观察图2-19可发现,$\Gamma(B_r, \phi_{sub})$ 的数值随着相对带宽比和子孔径积累角的增加呈指数下降趋势。采用曲线拟合的方法,可得到波数展开因子曲面的表达式为

$$\Gamma(B_r, \phi_{sub}) = a + b \cdot \exp(-w_1 \cdot \phi_{sub}^{c_1}) \cdot \exp(-w_2 \cdot B_r^{c_2}) \quad (2-64)$$

其中

$$\begin{cases} a = 7.1704 \\ b = 118.25 \end{cases}; \quad \begin{cases} c_1 = 1.058 \\ c_2 = 0.789 \end{cases}; \quad \begin{cases} w_1 = 3.584 \\ w_2 = 3.817 \end{cases} \quad (2-65)$$

第 2 章　CSAR 系统特性

再考虑电磁波入射角 θ 和中心频率 f_c，最终非相干成像处理下的 CSAR 空间分辨率可由下式计算

$$\Delta_\rho = \frac{\Gamma(B_r,\phi_{sub}) \cdot c}{4\pi f_c \sin(\theta)} \qquad (2-66)$$

需注意的是，由于 $\Gamma(B_r,\phi_{sub})$ 拟合函数是基于 $B_r \leq 1$ 和 $\phi_{sub} \leq 40°$ 数据得到，因此当子孔径积累角较大时($\phi_{sub} \geq 40°$)用一个近似的 $\Gamma(B_r,\phi_{sub})$ 去估计非相干 CSAR 分辨率是不合适的。从已有关于目标散射范围的研究中[44-45]得知，强散射体通常具有的方位散射角范围较小，大多数在 $2°\sim5°$，少数能达到 $10°\sim20°$。因此，式(2-64)所给的拟合范围能够涵盖绝大多数的非相干成像处理的空间分辨率估计。

图 2-20 给出了在 $B_r = 0.2$ 时，CSAR 点目标非相干成像分辨率与其所对应的子孔径分辨率的对比，其中纵坐标表示的分辨率单位为相对应的载波波长。为便于分析，图中所给的方位向和距离向基于相对图 2-20(a) 中的子孔径给出。由图 2-20(b) 可见，当 $\phi_{sub} \leq 9.6°$ 时，非相干成像处理的方位向分辨率优于其子孔径分辨，尤其是在小子孔径时，非相干成像处理的方位分辨率相较于其子孔径方位分辨率有很大的提高。但当 $\phi_{sub} \geq 9.6°$ 时，非相干成像处理的方位分辨率反而不如其子孔径的方位分辨率。而图 2-20(c) 所示的距离向分辨率对比，恰好相反。当 $\phi_{sub} \leq 9.6°$ 时，非相干处理的距离向分辨率差于其子孔径的距离向分辨率；而当 $\phi_{sub} \geq 9.6°$ 时，非相干处理的距离向分辨率优于其子孔径的距离向分辨率。

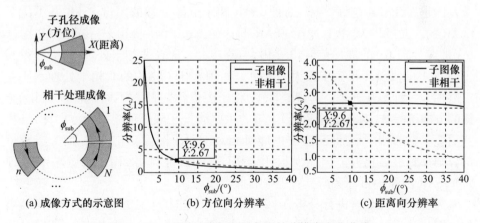

图 2-20　不同子孔径积累角下的分辨率变化曲线

为更好地对图 2-20 的分析结果进行解释说明，图 2-21 给出了非相干成像中的点目标累加示意图。用 ρ_r 和 ρ_a 分别表示单个子孔径图像中距离向和方

位向分辨率。图中椭圆曲线表示子孔径图像中目标的 -3dB 曲线轮廓,则椭圆长轴对应的分辨率为 $\rho_{\max} = \max[\rho_r, \rho_a]$,椭圆短轴对应的分辨率为 $\rho_{\min} = \min[\rho_r, \rho_a]$。对于一个理想点目标,CSAR 非相干成像就是旋转、非相干累加上图中的子图像,所得到 -3dB 的轮廓将出现图中内圆处,其分辨率介于图中两圆之间,说明非相干处理结果的分辨率将在其子图像 -3dB 椭圆轮廓的两轴分辨率之间,即有 $\Delta_\rho \in [\rho_{\min}, \rho_{\max}]$。在本仿真参数中($B_r = 0.2$),图 2-20 中标识的曲线交点出现在 $\phi_{\text{sub}} \approx 9.6°$,此时有 $\Delta_\rho = \rho_r = \rho_a$。

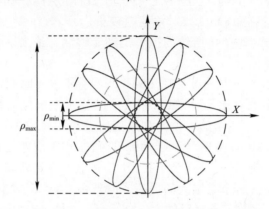

图 2-21 非相干成像的点目标累加示意图

除了分辨率,PSLR 也是评估 SAR 图像质量的重要参考指标。由 2.3.1 小节中分析得,在相干处理中 CSAR 图像的 PSLR 取决于信号的相对带宽比,相对带宽比越高,PSLR 越好[108]。然而 CSAR 相干成像处理的图像 PSLR 并不优于 LSAR 的。文献[45]中 L 波段 CSAR 图像的 PSLR 为 -8dB,与传统 SAR 图像(无加窗处理下)的理想值 -13.2dB,相差较大。而在非相干处理中,旁瓣得到了抑制,因此 PSLR 得到了很大的改善。原因在于 CSAR 的非相干处理本质上可以视为一种多视处理。多视处理中,将子图像称"视"。不同"视"中,目标旁瓣的方向不一样,且不完全重合,主瓣的主要能量区域则可视为无方向性,且相互重叠。在非相干累加后,旁瓣的能量相对于原子图像变化不大,而主瓣能量部分则得到显著提升。因此,相对主瓣而言,旁瓣能量得到了抑制。多视处理对于 SAR 图像中目标旁瓣具有很强的抑制作用。

为更好地对旁瓣进行分析,图 2-22 给出了非相干处理中点目标成像结果的主瓣与旁瓣的示意图。同图 2-21 一致,粗实曲线表示目标主瓣 -3dB 轮廓,在平行于其长轴和短轴两方向,分别有方位向和距离向的旁瓣,以虚线椭圆表示,同时将较靠近主瓣的旁瓣,记为内侧旁瓣;较远离主瓣的旁瓣,记为外侧旁瓣。图中有阴影填充的一组椭圆表示一个子图像中的一组点目标的主瓣、方位向和距离向的旁瓣。在非相干处理后,成像结果的第一旁瓣出现的位置有三种可能。

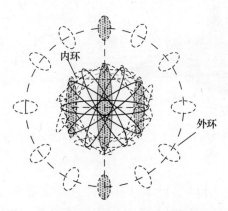

图 2-22 非相干处理中的主瓣与旁瓣变化的示意图

情况 1:当内侧旁瓣远离主瓣时,非相干处理结果的第一旁瓣将出现在内侧旁瓣组成的环处。

情况 2:当内侧旁瓣靠近外侧旁瓣时,第一旁瓣将出现在内外侧旁瓣之间。

情况 3:当内侧旁瓣靠近主瓣时,内侧旁瓣能量被主瓣覆盖,第一旁瓣将出现在外侧旁瓣处。

无论第一旁瓣出现在哪个位置,主瓣能量增长均远大于第一旁瓣的增长量,因此在 CSAR 非相干成像处理中图像 PSLR 较之在相干成像处理中得到很大改善。

为验证所提 CSAR 非相干处理下分辨率估计方法的有效性,图 2-23(a)给出一组点目标仿真结果,所采用的仿真参数如表 2.1 所示。由于 BPA 具有很高的成像精度,常将该成像算法的结果作为理想成像结果。本实验中,将 BPA 生成的图像中点目标的分辨率测量结果(ρ_{Measured})作为真值。图 2-23(b)给出了分辨率测量结果与所提方法获得的理论值($\rho_{\text{Theoretical}}$)在不同子孔径积累角下的对比结果。从图中可见,"*"标识的测量结果与分辨率估计曲线基本吻合,证明了所提分辨率估计方法的正确性。

表 2-1 系统仿真参数

参数	参数值
工作频段	P 波段
信号带宽	125 MHz
圆周轨迹半径	3000 m
入射角	45°

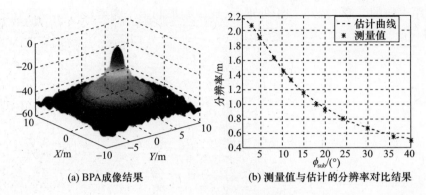

(a) BPA成像结果　　(b) 测量值与估计的分辨率对比结果

图 2-23　点目标仿真结果

为更好地对所提方法的分辨率估计性能进行定量评估,表 2-2 给出了测量分辨率(仿真结果)与所提分辨率(理论表达式)对比,以及分辨率误差(Differential RESolutions, DRES)[97]。DRES 表达测量分辨率与所提分辨率之间的相对误差,即

$$\mathrm{DRES} = \left| \frac{\rho_{\mathrm{Theoretical}} - \rho_{\mathrm{Measured}}}{\rho_{\mathrm{Theoretical}}} \right| \times 100\% \qquad (2-67)$$

从表 2-2 可以看出,DRES 最大值仅达到 1.63%,在误差容许的范围之内,证明了所提方法的有效性。

表 2-2　仿真结果的分辨率对比

参数	参数值											
$\phi_{\mathrm{sub}}/(°)$	3	5	8	10	12	15	18	20	24	30	36	40
$\rho_{\mathrm{Theoretical}}/\mathrm{m}$	2.071	1.909	1.642	1.479	1.334	1.153	1.009	0.930	0.800	0.659	0.559	0.507
$\rho_{\mathrm{Measured}}/\mathrm{m}$	2.077	1.898	1.627	1.452	1.330	1.149	0.993	0.921	0.796	0.656	0.550	0.500
DRES/%	0.29	0.58	0.94	1.82	0.32	0.38	1.63	0.98	0.50	0.48	1.61	1.59
$\rho_{\mathrm{SRange}}/\mathrm{m}$	1.494	1.494	1.495	1.496	1.496	1.496	1.496	1.496	1.493	1.481	1.458	1.431
$\rho_{\mathrm{SAzimuth}}/\mathrm{m}$	4.791	2.779	1.753	1.387	1.889	0.952	0.793	0.710	0.596	0.478	0.399	0.358

图 2-24 给出了非相干处理和其子孔径角所对应的点目标 -3dB 轮廓图,x 轴和 y 轴分别对应子孔径数据中的方位向和距离向。如图所示,随着子孔径积累角增大,子孔径图像的方位分辨得到了很大提高。而非相干处理结果同样如此,但其分辨率始终在对应子孔径图像的方位向分辨率和距离向分辨率之间。

2015 年,我们在陕西开展了机载 CSAR 的飞行试验,以检验所研究的 CSAR 算法的有效性和相关理论分析的正确性。该机载平台搭载了 P 波段 UWB SAR 系统。观测场景面积为 1km×1km,场景中心为一个环形路口,如图 2-25(a)

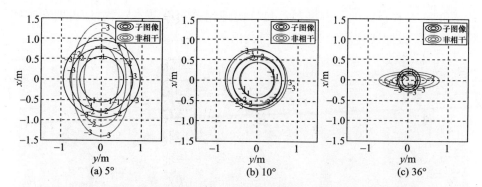

图 2-24 不同子孔径积累角下非相干处理结果与所对应的子图像的对比

所示。验证所提分辨率估计方法准确性的最佳方法是对场景中理想点目标散射体(如龙伯格透镜)进行测量。然而,试验场景并未设置理想点目标散射体。退而求其次,选择场景中有半径约为 10cm 的灯柱作为测量目标,如图 2-25(b) 所示。根据之前分析,在 $\phi_{sub} \leqslant 40°$ 下,灯柱目标在 CSAR 非相干成像处理下的分辨率差于 60cm,远大于其实际半径,因此可将其视为一个理想点目标,用于测量图像的分辨率。

(a) 来自于 Google Earth 的光学俯视图 (b) 场景中的电线杆

图 2-25 观测场景图

为证明将灯柱目标作为点目标测试点的可行性,图 2-26 分别给出了子孔径积累角 $\phi_{sub} = 8°,16°,30°$ 时的子图像(其中方框处为灯柱目标的成像结果),图 2-27 给出了子图像中目标分辨率与理论估计曲线的对比。从图中的两个剖面对比图可见,灯柱目标的方位分辨率随着子孔径积累角的增大而提高,而距离分辨率的改变则不太明显,符合上述理论分析结果。同时测得不同子孔径积累角下,灯柱目标的分辨率与点目标的理论分辨率基本一致,这说明在本实验中将灯柱目标视为理想点目标是可行的。

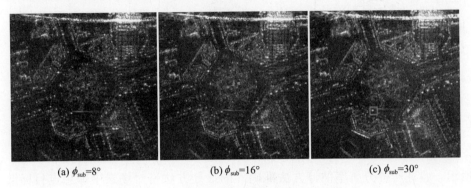

图 2-26　不同子孔径积累角下所成的子图像

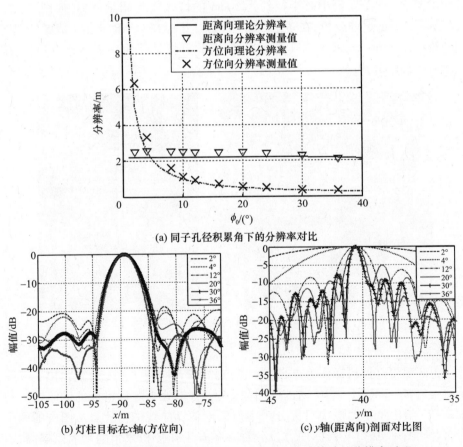

图 2-27　从子图像测得的灯柱目标分辨率和理论估计的分辨率对比

图2-28给出了处理后CSAR全相干和非相干处理的成像结果,其中方框处为灯柱目标的成像结果。从中可以看出,与全相干处理对比,非相干处理下的CSAR图像所呈现的相干斑更小,细节信息更加丰富。如图2-29所示,八芒星状的小路在非相关处理图像中更为清晰。

(a) 相干成像结果　　　　　　　(b) 非相干成像结果

图2-28　实测数据成像结果

 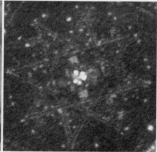 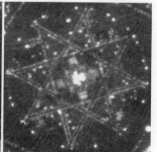

(a) 光学俯视照片　　　(b) 相干成像结果　　　(c) 非相干成像结果

图2-29　场景中心花圃放大图

图2-30和表2-3给出了不同子孔径积累角下,非相干成像结果中测量得到分辨率和所提方法估计得到的分辨率对比。其最大DRES为7.43%,略差于仿真实验的估计准确性,但尚在可接受范围内。此外,天线模式、杂散、噪声和目标的实际散射范围等均会影响实测数据处理的成像质量,导致实际测量结果与理论估计结果存在误差。由上述实验结果可知,所提分辨率方法能准确评估CSAR非相干成像处理获得的空间分辨率。

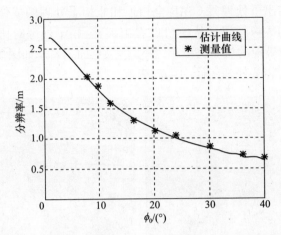

图2-30 不同子孔径积累角下理论分辨率和实测分辨率值对比

表2-3 CSAR场景中的灯柱目标分辨率

参数	参数值								
$\phi_{sub}/(°)$	8	10	12	16	20	24	30	36	40
$\rho_{Theoretical}/m$	2.02	1.82	1.64	1.36	1.14	0.98	0.81	0.69	0.62
$\rho_{Measured}/m$	2.00	1.88	1.58	1.26	1.10	1.04	0.87	0.72	0.67
DRES/%	1.08	3.13	3.58	7.43	3.59	6.23	6.87	5.01	7.16

第3章

机载CSAR成像算法研究

高精度成像处理是 SAR 发展的关键技术之一。按照信号处理域的不同，SAR 成像算法可分为时域算法和频域算法两大类。由于 CSAR 轨迹的特殊性，其成像算法不同于常规直线轨迹 SAR。常见的基于直线轨迹推导的频域算法，如 Omega – K 类算法[100-109]、等距离多普勒算法（Range Doppler Algorithm，RDA）[3,109]、Chirp Scaling 算法（CSA）类[10,110-112]、频率变标算法（Frequency Scaling Algorithm，FSA）[113]、极坐标格式算法（Polar Format Algorithm，PFA）[93]等，均不能很好地适应 CSAR 成像几何。美国学者 M. Soumekh 最早基于格林函数傅里叶分析，提出了波前重构类算法[80]。该算法利用快速傅里叶变换提高了成像效率，但需实现系统核函数矩阵求逆操作，导致算法实现复杂，同时基于该算法的运动误差补偿难度高、效果差，因此无法应用于机载实测数据处理。而适用于 CSAR 成像几何的极坐标算法由于基于远场假设，其有效成像范围受限，存在成像场景边缘处目标聚焦不理想等问题。

时域算法对复杂成像几何具有很强适应性，如后向投影算法几乎可以适用于任意成像几何[114-115]，但庞大的计算量限制了该算法在高实时性需求的任务应用。为提高计算效率和减小计算量，一系列快速后向投影（Fast Back Projection，FBP）算法[116-117]应运而生，如局部后向投影（Local BP，LBP）[116-118]、四分树后向投影（Quadtree BP，QBP）[119-120]、快速分级后向投影（Fast Hierarchical BP，FHBP）[121]和快速因子分解后向投影（Fast Factorized BP，FFBP）[82]。其中 FFBP 算法能达到接近于频域算法的理论计算效率，发展最为迅猛。FFBP 算法处理回波信号时利用极线图像近似局部区域图像，并采用递归孔径划分处理和局部近似处理，使其计算量得到大幅度减小。早期，FFBP 算法被用于处理大积累角的 UWB SAR 数据，得到了很好的效果。目前基于单站 LSAR 的 FFBP 算法已成功推广至双站和曲线 SAR 成像领域[29]，DLR 的 O. Ponce 等率先采用 FFBP 算法对 L 波段的机载 CSAR 实测数据进行了处理[45]，获得了良好的图像结果,但未能给出该算法的具体实现细节。同时,上述算法并未考虑地形起伏误差对 CSAR 实测数据处理的影响。本章将结合地形起伏误差,针对 CSAR 实测数据处理中的快速时域成像算法展开深入研究。

本章的研究内容如下:3.1 节介绍 BP 算法基本原理和实现流程;3.2 节研究基于 FFBP 算法的 CSAR 快速时域成像方法;3.3 节分析了地形起伏误差对 CSAR 成像影响,并结合 FFBP 算法给出相应补偿方法;3.4 节利用仿真数据和实测数据验证所提算法的有效性。

3.1 时域成像算法

BP 算法源于计算机层析成像技术,由 McCorkle 首先引入到 SAR 成像处理中。与频域算法相比,时域 BP 具有成像精确、易于运动补偿等突出优点,因此在 SAR 成像领域尤其是 P 波段 SAR 成像领域备受关注。机载 P 波段 SAR 的方位积累角较大,回波的方位和距离耦合非常严重,频域处理的难度较大,因此时域 BP 算法具有较好的应用前景。

全局后向投影(Global BP,GBP)算法是最原始的 BP 算法。由于需要逐点计算,GBP 算法的运算量巨大,其计算量达到 N^3,为此提出了局部后向投影、四分树后向投影以及快速因子分解后向投影等一些快速 BP 算法。其中 FFBP 算法性能最为优异,其理论上的计算量达到 $N^2\log_2 N$,接近频域算法的计算量水平,由此大大提高了 BP 算法的实用性。

FFBP 算法是由 Ulander 等提出的,并给出了两种具体的实现方式,即 FFBP 算法和分块因子分解后向投影(Block Factorized Back Projection,BFBP)算法。为了便于比较,这两种方法又分别被称为极坐标快速因子分解后向投影(Polar FFBP,PFFBP)算法和子块快速因子分解后向投影(Sub-Image FFBP,LBP)算法。二者的主要区别在于成像区域划分策略的不同,PFFBP 在极坐标系中将成像区域分为不同角度表示的区域,而 LBP 则在直角坐标系中将成像区域沿方位向和距离向划分为子块进行处理。FFBP 算法的基本思想是采用极线图像近似区域图像,由于 LBP 的极线长度小于 PFFBP,所以其存储量相对较小,更适合机载 P 波段 SAR 成像。但是分级处理的快速 BP 算法存在比较复杂的数据调度问题,往往成为实时处理的瓶颈,使成像处理的效率大大降低。

LBP 是 FFBP 的一种特例,仅采用一级处理,它具备许多优点,包括:

(1) 精确成像。作为一种快速时域成像算法,成像误差自身控制,通常误差控制为 $\lambda/8$ 或更小。

(2) 适用于非线性孔径成像。作为一种快速 BP 算法,保留了 BP 算法适用

第3章 机载 CSAR 成像算法研究

于非线性孔径成像的优点,运动误差大的时候成像精度较频域算法有优势。

(3) 实现过程简单,便于并行处理。LBP 算法是 LBP 算法的一级实现方式,不需要递归处理,块与块之间不需要数据交互,具有很强的并行性。

(4) 算法计算量较小。LBP 算法的计算量近似达到频域算法计算量,而 LBP 算法减小 BP 算法计算量的方式有两个,一是 LBP 算法的局部近似处理,二是它的递归处理,其中局部近似处理是减小计算量的主要因素。LBP 算法采用局部近似处理,其计算量接近 LBP 的计算量,即接近频域算法计算量。

本小节基于 2.1.2 节得到的点目标回波模型,介绍 BP 成像算法。将正交解调后的回波(即式(2.14))进行距离向脉冲压缩后,得到脉压后的回波表达式,为

$$s_{rc}(\eta,\tau;r_P) = \sigma_P(\eta;r_P)w_P(\eta;r_P)\text{rect}\left[\frac{(\tau-2R(l(\eta),r_P)/c)}{T_P}\right] \times$$
$$p_{rc}[B(\tau-2R(l(\eta),r_P)/c)] \times$$
$$\exp(-j4\pi f_c R(l(\eta),r_P)/c) \quad (3-1)$$

式(3-1)中最后一项为时延相位项,与信号载频和斜距历程有关;$p_{rc}(\cdot)$ 为距离压缩后脉冲函数,为 SAR 回波在距离向的聚焦结果。若距离向脉冲压缩过程中未进行加窗处理,则式(3-1)脉冲压缩函数可近似为

$$p_{rc}[B(\tau-2R(l(\eta),r_P)/c)] \approx \text{sinc}[B(\tau-2R(l(\eta),r_P)/c)] \quad (3-2)$$

式(3-2)中带宽 B 决定了标准 sinc 函数在快时间上 τ 上的伸缩情况,即脉压后距离向分辨率,回波时延斜距历程 $R(l(\eta),r_P)$ 决定了脉压后点目标在距离向的位置。距离向脉冲压缩后,由 $R(l(\eta),r_P)$ 决定点目标在二维时域中呈现的积累曲线。

BP 算法的基本原理为:设置待生成图像的网格,得到网格相应像素点在距离向脉压后的二维时域中相应的所有回波,将回波补偿掉残留相位后进行相干叠加[122],得到最终成像结果。设 r_G 为观测场景中的任一网格点(成像网格点的划分由系统分辨率和实际需求决定),则上述成像过程可表示为

$$I(r_G) = \int_{l \in L} s_{rc}(R(l(\eta),r_P)/c,\phi)\exp(j4\pi f_c R(l(\eta),r_G)/c)\text{d}l \quad (3-3)$$

其中 L 为雷达天线运动轨迹。对于 LSAR 与 CSAR,BP 算法的实现基本相同,最大不同之处在于雷达天线运动轨迹 L。若 BP 算法应用于 LSAR 中,则 L 为一条直线,若在 CSAR 中,则 L 为曲线。由此可看出 BP 算法的成像几何适应性广,非常适合非线性轨迹成像。由式(3-1)和式(3-3)可知,后向投影在网格点 $r_G = r_P$ 处点目标的时延相位得到了准确补偿,使得回波信号得到同向加强,

即为点目标成像结果。需注意的是,该模型以点目标各向同性散射为基础,否则,无法获得同相累加的结果。

BP算法主要有两种具体实现方式,分别为沿线积分法和后向投影法,如图3-1所示。沿线积分法先求成像网格中某一任意像素点在各个孔径回波中的对应位置,然后通过插值获取这些位置所对应的回波数据,最后将获得的数据进行相位补偿并相干叠加,得到网格点处的像素值。与之相反,后向投影法立足于回波域,先求一条孔径回波在成像网格中相对应位置;然后,补偿时延相位,将该条数据插值投影至成像目标网格;最后,重复上述处理,并将每一条回波投影结果相干叠加,获得最终SAR图像。

上述两种方法中,沿线积分法较为直观,插值操作数主要由成像网格点数决定,操作更为方便,但不利于流水线操作。而后向投影法所需插值操作数主要由方位孔径数决定,其逐条处理的方式,可在硬件上通过采取如GPU(Graphics Processing Unit)等并行处理方式,实现数据的实时处理,极大提高了处理效率。因此本章中实验采取BP算法的实现方式皆为后向投影法(特别说明除外)。

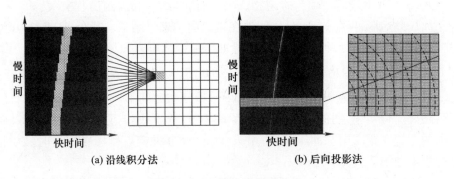

图3-1 BP算法的实现方式

3.2 快速时域成像算法

相比原始BP算法,通过采取两种措施,FFBP算法效率得到很大提高:一是局部近似处理。将距离脉冲压缩后的回波数据投影至成像区域中的距离中心线上,而不对整个成像区域进行后向投影,用距离中心上数据近似代替局部区域图像,大幅减小所需投影的网格点。二是递归孔径划分处理。先进行初始子孔径划分,并成像得到粗分辨率子图像,再将若干相邻子孔径图像合并为新的子孔径图像,获得更高分辨率的子图像,接着重复进行子孔径合并获得下一级更高分辨率的子图像,直至孔径合并结束,得到所需分辨率图像。由于局部近似处理不可避免地会引入成像误差,因此需对 FFBP 算法进行误差控制。此外,每级子孔径合并后进行图像坐标系的更换,增加了子图像之间累加处理的难度。特别是 CSAR 成像中,其几何构型有别于 LSAR,因此局部近似处理和所对应的误差控制需重新讨论,基于圆周成像几何的坐标系变换也变得更加复杂。

本节将对圆弧孔径下的局部近似处理和坐标变换问题进行详细讨论,并提出基于 CSAR 的时域快速成像算法。

3.2.1 FFBP 算法的误差控制和坐标转换

如图 3-2 所示,左侧圆点表示子孔径中回波采样位置,中心距离线 OP 与孔径之间的夹角为 φ。设非中心距离线上有任意点 P',其与中心距离线上点 P 均位于以孔径中心 O 为圆心半径的同一圆上,可由点 P 表示。在 FFBP 算法中,孔径上其他采样位置到点 P 和 P' 的距离误差在局部近似中被忽略不计。该距离误差大小则由孔径末端点 O_k 到 P 和 P' 的距离误差决定,可记为 $\Delta R = |R(\varphi + \Delta\theta) - R(\varphi)|$,其中 $\Delta\theta$ 为孔径中心 O 分别到点 P 和 P' 方位角差值。当 $\Delta R \ll R$ 时,距离误差可做以下近似:

$$\begin{aligned}
\Delta R &= |R(\varphi + \Delta\theta) - R(\varphi)| \\
&= \left|\frac{R^2(\varphi + \Delta\theta) - R^2(\varphi)}{R(\varphi + \Delta\theta) + R(\varphi)}\right| \\
&\approx \left|\frac{R^2(\varphi + \Delta\theta) - R^2(\varphi)}{2R(\varphi)}\right|
\end{aligned} \quad (3-4)$$

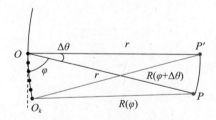

图 3-2 距离误差分析

在子孔径中,当孔径弧度很小时,近似为直线处理,则 $R(\varphi)$ 可表示为

$$R(\varphi) \approx \sqrt{r^2 + \widehat{OO_k}^2 - 2r\,\widehat{OO_k}\cos\varphi} \quad (3-5)$$

式中:$\widehat{OO_k}$ 为半子孔径弧长。将式(3-5)代入式(3-4)中,得

$$\Delta R \approx \left| \frac{2r\widehat{OO_k}\cos\varphi - 2r\widehat{OO_k}\cos(\varphi+\Delta\theta)}{2\sqrt{r^2+\widehat{OO_k}^2-2r\widehat{OO_k}\cos\varphi}} \right|$$

$$= \left| \frac{r\widehat{OO_k}}{\sqrt{r^2+\widehat{OO_k}^2-2r\widehat{OO_k}\cos\varphi}} \right| |\cos\varphi - \cos(\varphi+\Delta\theta)| \quad (3-6)$$

记 $|\cos\varphi - \cos(\varphi+\Delta\theta)|$ 为 $\Delta(\cos\varphi)$,则可得

$$|\Delta(\cos\varphi)| = |\cos\varphi - \cos(\varphi+\Delta\theta)|$$

$$= \left| 2\sin\left(\varphi+\frac{\Delta\theta}{2}\right)\sin\left(-\frac{\Delta\theta}{2}\right) \right|$$

$$= 2\left| \sin\frac{\Delta\theta}{2}\left(\sin\varphi\cos\frac{\Delta\theta}{2}+\cos\varphi\sin\frac{\Delta\theta}{2}\right) \right| \quad (3-7)$$

当 $\Delta\theta \to 0$ 时,式(3-7)可改写为

$$|\Delta(\cos\varphi)| \approx 2\left| \frac{\Delta\theta}{2}(\sin\varphi\times1+\cos\varphi\times0) \right|$$

$$= |\Delta\theta\sin\varphi| \quad (3-8)$$

令 $u = \widehat{OO_k}/r$,则可得

$$f(u,\varphi) = \left| \frac{u}{\sqrt{1+u^2-2u\cos\varphi}} \right|$$

$$= \left| \frac{u}{\sqrt{1-\cos^2\varphi+(\cos\varphi-u)^2}} \right|$$

$$\leq \left| \frac{u}{\sqrt{1-\cos^2\varphi}} \right| = \left| \frac{u}{\sin\varphi} \right| \quad (3-9)$$

将式(3-8)与式代入式(3-9)中,可得

$$\Delta R \approx |rf(u,\varphi)||\Delta(\cos\varphi)|$$

$$= \left| r\frac{u}{\sin\varphi} \right| |\Delta\theta\sin\varphi|$$

$$= |\widehat{OO_k}\cdot\Delta\theta| \quad (3-10)$$

若选取图像角度向分辨率 $\rho_\theta = |\Delta\theta|$,那么角度相差 $|\Delta\theta|$ 的两个像素点将处于同一个分辨单元内。同时,为保证各个回波在距离向偏移不超一个分辨单元,需满足 $\Delta R \leq \frac{c}{2B}$,那么有

$$\begin{cases} \Delta\rho_r \leqslant \Delta R \leqslant \dfrac{c}{2B} \\ \Delta\rho_\theta \leqslant |\Delta\theta| \leqslant \dfrac{\lambda_c}{4\,\widehat{OO_k}} \end{cases} \quad (3-11)$$

式中：$\Delta\rho_r$、$\Delta\rho_\theta$ 为子孔径中极坐标的距离向和方位向采样间隔。它们由信号载频的波长和子孔径长度确定，若分辨率选取超出这个约束，图像将会出现分裂、重叠等现象。

如图 3-3 所给出的子孔径成像几何关系，对成像坐标系 x-y 进行平移，得到以第 i 个子孔径中心为坐标原点的新成像坐标系 x'-y'。设该子孔径中心位于成像坐标系 x-y 的 $(R_{xy}\cos(\phi_i), R_{xy}\sin(\phi_i))$ 处，其中 ϕ_i 为在成像坐标系 x-y 中第 i 个子孔径中心所处位置相对于原点的方位角。由几何关系可得，位于成像平面中坐标为 (x,y) 的任意点与其在子孔径极坐标系中的位置转换关系为

$$\begin{cases} \rho = \sqrt{[R_{xy}\cos(\phi_i)-x]^2 + [R_{xy}\sin(\phi_i)-y]^2} \\ \theta = \arctan\left(\dfrac{y-R_{xy}\sin(\phi_i)}{x-R_{xy}\cos(\phi_i)}\right) \end{cases} \quad (3-12)$$

同时，可得子孔径极坐标下的波束中心角为

$$\theta_{ic} = \begin{cases} \pi+\phi_i, & 0\leqslant\phi_i\leqslant\pi \\ \phi_i-\pi, & \pi<\phi_i<2\pi \end{cases} \quad (3-13)$$

且积累角 ψ_{In} 为

$$\psi_{In} = 2\times\arctan(R_{scene}/R_{xy}) \quad (3-14)$$

式中：R_{scene} 为成像场景半径。因此 θ 的范围为 $[\theta_{ic}-\psi_{In}/2, \theta_{ic}+\psi_{In}/2]$，$\rho$ 的范围为 $[R_{xy}-R_{scene}, R_{xy}+R_{scene}]$。

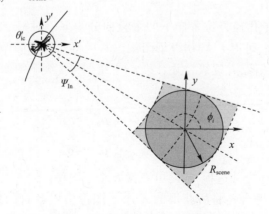

图 3-3 子孔径成像几何关系

通过式(3-11)~式(3-14),确定在第 i 级子孔径合并过程中子孔径合并后新子图像的成像极坐标网格,设该成像网格中的任意点坐标为($\rho^{(i+1)}$,$\theta^{(i+1)}$),其对应成像直角坐标系中的位置为(x,y)。同理可得在进行该级孔径合并过程中,坐标(x,y)在第 n 个子孔径极坐标系的坐标($\rho_n^{(i)},\theta_n^{(i)}$),$1 \leq n \leq I$,其中 I 表示每 I 个子孔径合并成一个新的子孔径,即该级的分解因子。因此子孔径合并,得到下一级孔径图像的过程可表示为

$$G^{(i+1)}(\rho^{(i+1)},\theta^{(i+1)}) = \sum_{n=1}^{I} G_n^{(i)}(\rho_n^{(i)},\theta_n^{(i)}) \cdot \exp(j4\pi\rho_n^{(i)} f_c/c) \quad (3-15)$$

式中:G 表示各级子孔径所对应的图像。

3.2.2 时域快速成像算法的实现

本节所提出的 CSAR 快速时域成像算法具体实现步骤如下:

步骤1:子孔径划分。设录取的 CSAR 回波数据共有 L_{full} 个方位采样、M 个距离向采样点,故回波数据矩阵为 $D_{L_{\text{full}} \times M}$。将上述回波数据均匀分成 K 段子孔径数据(可取 $L_{\text{full}}/K \geq 8$),则每段子孔径数据为 $D_{N \times M}$,其中 $N = \lfloor L_{\text{full}}/K \rfloor$ 为子孔径的方位采样点数。为方便后续因式分解,可对 N 采取补零或对剪裁的方式进行调整。根据因式分解,确定最佳初始孔径长度 l_0 和每级合并的子图像个数(即分解因子 I)。若有 P 层分解层数,则有 $N = l_0 \times I^P$。

步骤2:子孔径合并处理。分别以各自初始子孔径中心为原点建立极坐标系,根据3.2.1节中确定待成像场景区域的取值范围和距离误差控制确定初始图像角度和距离向采样间隔。计算初始圆弧子孔径数据所能得到的图像分辨率,角度向分辨率可计算为

$$\rho_{\theta n} = \rho_{\perp n}/(R_{xy} + R_{\text{scene}}) \quad (3-16)$$

式中:$\rho_{\perp n}$ 为 n 点子孔径方位采样下的垂直向分辨率。对每个初始子孔径分别采取 BP 算法处理,可得 I^P 幅初级子图像。然后将初级子图像每 I 幅子图像合并成一幅次级子图像,并逐级合并。第 $i+1$ 级与第 i 级子图像的角度向分辨率存在以下关系:

$$\begin{cases} \rho_\theta^{(i+1)} = \rho_\theta^{(i)}/I, & \rho_\theta^{(i)} > \rho_{\theta N} \\ \rho_\theta^{(i+1)} = \rho_\theta^{(i)}, & \rho_\theta^{(i)} \leq \rho_{\theta N} \end{cases} \quad (3-17)$$

经过 P 次上述合并过程,最终可获得 K 个子图像。

步骤3:插值融合。将所获得的 K 个子图像由以各自的极坐标系插值至同一个成像直角坐标系中,得到最终成像结果。可根据实际处理的需求,采

取相干或者非相干的累加方法,得到最终成像结果。具体处理流程如图3-4所示。

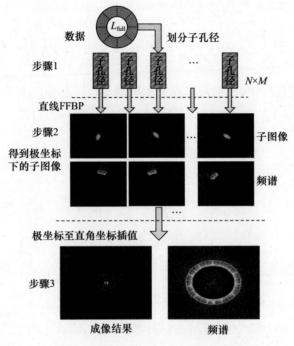

图3-4　CSAR快速时域成像流程图

3.2.3　计算量评估

根据所需图像分辨率,设置所获得的最终成像网格尺寸为 $N_x \times N_y$,最大子孔径数据的方位角采样数为 N,则有 $N = l_0 \times I^P$。设初级子图像网格尺寸为 $N_{\theta 0} \times N_{\rho 0}$(角度向×距离向),由BP算法获取的初级子图像计算量为

$$C_0 \propto K\left(\frac{L_{\text{full}}}{K}/l_0\right) l_0 N_{\theta 0} N_{\rho 0} = L_{\text{full}} N_{\theta 0} N_{\rho 0} \qquad (3-18)$$

设第 i 级孔径合并得到的下一级子图像大小为 $N_{\theta i} \times N_{\rho i}$,则该子孔径级合并所需计算量为

$$C_i \propto K\left(\frac{L_{\text{full}}}{l_0 K}/I^i\right) I N_{\theta i} N_{\rho i} = \frac{L_{\text{full}}}{l_0 I^{i-1}} N_{\theta i} N_{\rho i} \qquad (3-19)$$

最后,将所有子图像插值到最终成像网格中所需计算量为

$$C_{\text{final}} \propto K N_x N_y \qquad (3-20)$$

故所提算法的总计算量为

$$C_{\text{FFBP}} = C_0 + \sum_{i=1}^{P} C_i + C_{\text{final}}$$

$$\propto L_{\text{full}} N_{\theta 0} N_{\rho 0} + \sum_{i=1}^{F} \frac{L_{\text{full}}}{l_0 I^{i-1}} N_{\theta i} N_{\rho i} + K N_x N_y \qquad (3-21)$$

在孔径合成过程中,根据所提算法网格划分尺寸存在以下关系: $N_{\rho 0} = N_{\rho P} = N_y = N_x$ 和 $N_{\theta P} = I^i N_{\theta 0} = \mu_\theta N_x$,将该关系代入式(3-21)中,可得

$$C_{\text{FFBP}} = C_0 + \sum_{i=1}^{P} C_i + C_{\text{final}}$$

$$\propto L_{\text{full}} N_{\theta 0} N_{\rho 0} + \sum_{i=1}^{F} \frac{L_{\text{full}}}{l_0 I^{i-1}} N_{\theta i} N_{\rho i} + K N_x N_y$$

$$= [(l_0 + I \times F)\mu_\theta + 1] K N_x N_y \qquad (3-22)$$

基于传统 BP 算法成像所需的计算量为

$$C_{\text{BP}} \propto L_{\text{full}} N_x N_y \qquad (3-23)$$

对比式(3-23)与式(3-22),可得所提快速时域算法的提速因子为

$$\kappa_{\text{FFBP}} \propto \frac{L_{\text{full}}}{[(l_0 + I \times P)\mu_\theta + 1] K}$$

$$= \frac{N}{\left[\left(l_0 + I \times \log_I \frac{N}{l_0}\right)\mu_\theta + 1\right]} \qquad (3-24)$$

由式(3-24)可见,提速因子主要受到方位向插值因子 μ_θ、最大子孔径采样数 N、初始子孔径长度 l_0 和层分解因子 I 等因素的影响。其中插值因子 μ_θ 与子孔径方位角采样间距有关,通常为 $1/K \leq \mu_\theta \leq 1$,所以子孔径方位角采样间距越大,则 μ_θ 越小,算法效率越高;提速因子与最大子孔径采样数 N 成正比。由 $N = L_{\text{full}}/K$ 可见,提速因子与 L_{full} 也成正比,即孔径方位采样点数越多越能体现出快速时域算法在效率上的优势;而提速因子与初始子孔径长度 l_0 和分解因子 I 成反比,说明合适的因式分解有助于提高所提算法的效率。图 3-5 为不同分解因子下的提速因子曲线,所采用的其他仿真参数为 $K = 8$、$\mu_\theta = 2/K$ 和 $l_0 = I$。可见所提 CSAR 快速时域算法与原始 BP 算法相比,在速度上有较大提升。

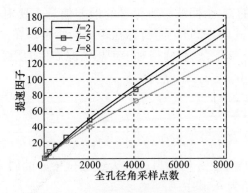

图 3-5　FFBP 算法提速因子曲线

3.3　地形起伏误差补偿

平地假设[123]是 LSAR 成像处理中一个常用基本假设,即假设成像场景为一平面,没有地形起伏,目标均位于平面内,具有统一高度。然而,在实际 SAR 成像探测中,观测场景不可避免地存在地形起伏。当起伏较小时,以平地假设进行成像可以满足聚焦精度要求,可以忽略地形起伏的影响。若起伏较大时,会导致 LSAR 产生叠掩、收缩等几何畸变。

在窄带 SAR 中,由于合成孔径较小,当因地形起伏使成像平面偏离点目标位置实际高度位置时,成像结果中点目标投影会偏离实际位置,对于整个图像表现为距离向发生形变。而对于 CSAR 成像模式,由于飞行轨迹不断变化,其相对的距离向也是不断变化的,因此不同方向的形变将导致图像严重散焦。本节将主要讨论地形起伏误差对 CSAR 成像的影响,并给出相应的补偿方法。

3.3.1　地形起伏误差

设因地形起伏使某点目标在高度向具有误差 Δh,设该点目标坐标为 $r_{Pm} = (x_p, y_p, z_p + \Delta h)$。当存在上述误差时,距离压缩后点目标回波为

$$s_{rc}(\eta, \tau; r_{Pm}) = \sigma_p(\eta; r_{Pm}) w_p(\eta; r_{Pm}) \mathrm{rect}\left[\frac{(\tau - 2R(l(\eta), r_{Pm})/c)}{T_P}\right] \times$$
$$p_{rc}[B(\tau - 2R(l(\eta), r_{Pm})/c)] \times$$
$$\exp(-j4\pi f_c R(l(\eta), r_{Pm})/c) \qquad (3-25)$$

在机载 SAR 远场成像条件下,地形起伏对入射角影响不大,可以忽略

式(3 - 25)前三项的变化,回波中所蕴含的误差信息主要对脉冲压缩项和误差相位项产生影响。式(3 - 25)表明目标在距离向将聚焦在 $\tau = 2R(\boldsymbol{l}(\eta),\boldsymbol{r}_{\mathrm{Pm}})/c$ 处,即在地形起伏影响下,点目标相对于理想情况产生的距离向位移量为

$$\begin{aligned}\Delta R_{\mathrm{md}}(\eta) &= R(\boldsymbol{l}(\eta),\boldsymbol{r}_{\mathrm{Pm}}) - R(\boldsymbol{l}(\eta),\boldsymbol{r}_{\mathrm{P}}) \\ &= \sqrt{(x(\eta)-x_{\mathrm{p}})^2 + (y(\eta)-y_{\mathrm{p}})^2 + (H(\eta)-z_{\mathrm{p}}-\Delta h_{\mathrm{p}})^2} - \\ &\quad \sqrt{(x(\eta)-x_{\mathrm{p}})^2 + (y(\eta)-y_{\mathrm{p}})^2 + (H(\eta)-z_{\mathrm{p}})^2}\end{aligned} \tag{3-26}$$

为便于后续推导,设 η 时刻目标与天线相位中心的斜距为 R,运动平面高度为 H,雷达俯视角为 θ,其中

$$R = \sqrt{(x(\eta)-x_{\mathrm{p}})^2 + (y(\eta)-y_{\mathrm{p}})^2 + (H(\eta)-z_{\mathrm{p}})^2} \tag{3-27}$$

则其在参考平面的地距为

$$R_{\mathrm{ground}} = \sqrt{R^2 - H^2} \tag{3-28}$$

由于成像平面相距参考平面误差为 Δh,该点在成像平面内的投影地距为

$$R'_{\mathrm{ground}} = \sqrt{R^2 - (H^2 + \Delta h)^2} \tag{3-29}$$

由地形起伏误差引起的地距投影误差为

$$\begin{aligned}\Delta R_{\mathrm{ground}} &= R_{\mathrm{ground}} - R'_{\mathrm{ground}} \\ &= \frac{(H+\Delta h)^2 - H^2}{\sqrt{R^2 - H^2} + \sqrt{R^2 - (H+\Delta h)^2}} \\ &= \frac{\Delta h(2H+\Delta h)}{\sqrt{R^2 - H^2} + \sqrt{R^2 - (H+\Delta h)^2}}\end{aligned} \tag{3-30}$$

由式(3 - 30)可见,$\Delta R_{\mathrm{ground}}$ 的数值符号与 Δh 一致。

如图 3 - 6 所示,在 LSAR 中,设孔径宽度为 $\theta_{\mathrm{BW}}/2$,整个孔径因地形起伏导致的散焦位移为 $\Delta l \approx \theta_{\mathrm{BW}} \times \Delta R_{\mathrm{ground}}$,而其在距离向和方位向的最大偏移差值为

$$\begin{cases}\Delta x = \Delta R_{\mathrm{ground}}(1-\cos(\theta_{\mathrm{BW}}/2)) \approx \Delta R_{\mathrm{ground}}\dfrac{\theta_{\mathrm{BW}}^2}{2} \\ \Delta y = \Delta R_{\mathrm{ground}}\sin(\theta_{\mathrm{BW}}/2) \approx \Delta R_{\mathrm{ground}}\dfrac{\theta_{\mathrm{BW}}}{2}\end{cases} \tag{3-31}$$

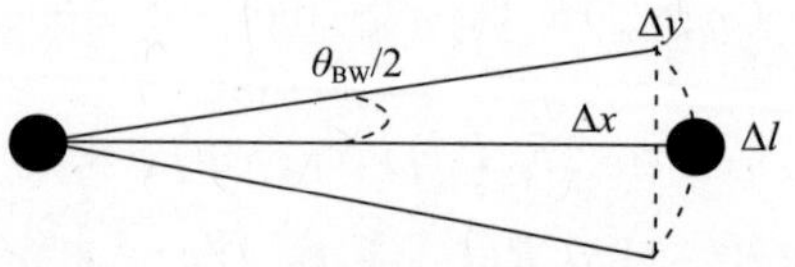

图 3 - 6　在直线 SAR 中投影偏离示意图

以一个典型 LSAR 系统为例,系统参数如表 3-1 所示。引入 1m 的地形起伏,图 3-7 给出了场景中各个像素点在距离向和方位向的偏移差值仿真结果。可见,地形起伏导致的任意点最大偏移差值小于 0.056 单位,方位向偏移差值大于距离向,且越远离天线的位置处,偏移差值越大。在 LSAR 中,当位移误差远小于成像分辨率时,会导致图像发生一定的几何形变,对成像聚焦的影响较小。当位移误差大于分辨率时,会导致图像散焦的现象。

表 3-1 典型高频窄带 LSAR 系统参数

参数	参数值
信号带宽	600MHz
载频	9600MHz
飞行圆周半径	7090m
飞行高度	7260m
孔径积累角	0.1rad

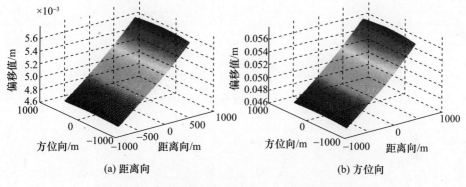

(a) 距离向　　　　　　　　(b) 方位向

图 3-7 仿真场景中各个像素点位置处的位移结果

对于 CSAR,宽角度观测将导致位移情况变得更加复杂。如图 3-8 所示,设成像场景中任意点为 P,设其距场景中心距离与天线轨迹半径比为 q,则有

$$q = \frac{\|\boldsymbol{p}\|}{\|\boldsymbol{r}_v\|} \tag{3-32}$$

式中:$\boldsymbol{r}_v$ 为天线轨迹向量 $\boldsymbol{r}$ 在 $x-y$ 平面的投影,$\boldsymbol{p}$ 为点目标的位置向量。在极坐标系中,$\boldsymbol{p}$ 可以表示为

$$\boldsymbol{p} = \|\boldsymbol{p}\| \mathrm{e}^{\mathrm{j}\varphi_p} \tag{3-33}$$

同时,雷达轨迹投影 $\boldsymbol{r}_v$ 也可表示为

$$\boldsymbol{r}_v = \|\boldsymbol{r}_v\| \mathrm{e}^{\mathrm{j}\varphi} \tag{3-34}$$

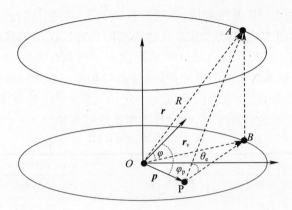

图 3-8 CSAR 雷达轨迹在地平面的投影

忽略运动误差的影响,设在整个圆周孔径中场景中,点 O 的入射角不变,为 θ_0。则对于点 P 的入射角可表示为

$$\begin{aligned}
\theta_p &= \arctan\left(\frac{\|\boldsymbol{r} - \boldsymbol{r}_v\|}{\|\boldsymbol{r}_v - \boldsymbol{p}\|}\right) \\
&= \arctan\left(\frac{\|\boldsymbol{r}_v\| \tan\theta_0}{\|\boldsymbol{r}_v\| e^{j\varphi} - \|\boldsymbol{p}\| e^{j\varphi_p}}\right) \\
&= \arctan\left(\frac{\tan\theta_0}{e^{j\varphi} - e^{j\varphi_p} \|\boldsymbol{p}\| / \|\boldsymbol{r}_v\|}\right) \\
&= \arctan\left(\frac{\tan\theta_0}{e^{j\varphi} - q e^{j\varphi_p}}\right)
\end{aligned} \tag{3-35}$$

对于机载或是星载 SAR 系统,天线高度远高于地形起伏,即 $H \gg \Delta h$,则(3-30)可重写为

$$\begin{aligned}
\Delta R_g &= \frac{\Delta h(2H + \Delta h)}{\sqrt{R^2 - H^2} + \sqrt{R^2 - (H + \Delta h)^2}} \\
&\approx \frac{2H\Delta h + \Delta^2 h}{2\sqrt{R^2 - H^2}} \\
&\approx \frac{H\Delta h}{\sqrt{R^2 - H^2}} \\
&= \Delta h \tan(\theta_p)
\end{aligned} \tag{3-36}$$

联立式(3-36)与式(3-35),可得地形起伏对 CSAR 成像引起的位移为

$$\Delta R_{\text{ground}} = \Delta h \frac{\tan\theta_0}{e^{j\varphi} - q e^{j\varphi_p}} \tag{3-37}$$

其中 $\varphi, \varphi_p \in [-\pi, \pi]$，可能产生的两个极值误差为

$$\Delta\Delta R_{ground} = \max_{\varphi,\varphi_p \in [-\pi,\pi]} \Delta R_{ground} + \min_{\varphi,\varphi_p \in [-\pi,\pi]} \Delta R_{ground}$$

$$= \Delta h \tan\theta_0 \left[\max_{\varphi,\varphi_p \in [-\pi,\pi]} \frac{1}{e^{j\varphi} - qe^{j\varphi_p}} + \min_{\varphi,\varphi_p \in [-\pi,\pi]} \frac{1}{e^{j\varphi} - qe^{j\varphi_p}} \right]$$

$$= \Delta h \tan\theta_0 \left[\frac{1}{1-q} + \frac{1}{1+q} \right]$$

$$= \Delta h \tan\theta_0 \frac{2}{1-q^2} \qquad (3-38)$$

由此可见，最大偏移误差与 Δh、$\tan\theta_0$ 成正比，由于 $\frac{2}{1-q^2}$ 在 $q \in [0,1)$ 区间表现为单调递减函数，因此最大偏移误差也与 q 成正比。根据式(3-38)，即可算出不同方位位置投影偏离情况。由式(3-38)可见，偏移误差随着 Δh 和入射角的增加而增加，同时与 q 成反比关系，即越远离场景中心的点，误差值越大。为保证成像质量，对于理想散射体，要求 $\Delta\Delta R_{ground} \leqslant \frac{\lambda}{16}$。实际中很难达到该要求，尤其是对于高频段 CSAR 成像。因此，CSAR 实测数据处理中必须采取有效措施减小地形起伏误差对成像的影响。

3.3.2 地形起伏误差补偿方法

利用成像区域的 DEM 数据可以有效减小地形起伏误差对成像的不利影响。上述章节所提到的 BP、FFBP 时域类算法也便于与 DEM 数据相结合。在成像处理时，结合 DEM 数据设置成像网格，可减小地形起伏误差的影响。

在第 2 章中所提到的自然场景目标，多为非理想点目标，对其成像时，若进行 360°的相干叠加会产生大量相干斑。由上述分析可知，小积累角子孔径成像的聚焦质量，受地形起伏误差影响不大，主要造成在距离向的平移等几何形变等问题。基于上述分析，本节提出结合图像匹配的子孔径非相干 CSAR 成像方法。如图 3-9 所示，该方法主要分为两步：首先，对完整 CSAR 数据进行孔径分割，结合 DEM 数据采用 FFBP 算法分别对子孔径数据进行成像，获取子图像；其次，通过图像匹配将各个子图像非相干累加，获得最终成像结果。该方法不仅可以减小最终图像的相干斑，还可以降低成像对 DEM 数据精度的要求。

基于表 3-1 中的系统参数，图 3-10 给出了引入 1m 地形起伏误差时，受地形起伏误差影响的 CSAR 成像结果与所提方法获得的处理结果图，其中线段代表投影结果，圆点表示设置的点目标实际位置。如图 3-10(a)所示，存

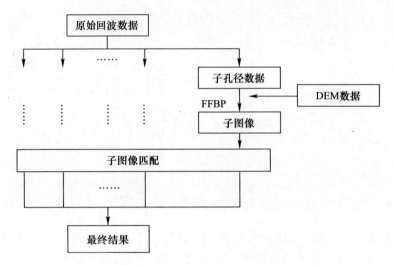

图 3-9 结合图像匹配的非相干子孔径成像方法

在地形起伏误差时,由于投影偏离使得应为点状的成像结果变为环状,可由式(3-38)计算得最大偏移值约为1m,远大于系统的成像分辨率,造成严重散焦。从图3-10(b)中可见,其偏移值远小于直接处理的结果,因此所提方法对地形起伏误差的影响具有一定的补偿作用。

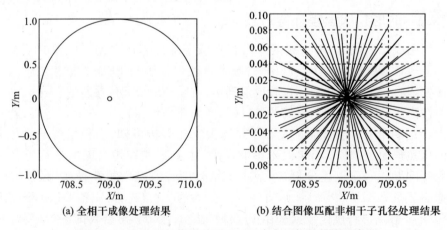

(a) 全相干成像处理结果 (b) 结合图像匹配非相干子孔径处理结果

图 3-10 在地形起伏误差下 CSAR 中点目标的投影示意图

由于子图像受地形起伏误差的影响表现为距离向形变,且距离越远,形变越严重。所以采用上述补偿方法,越远离场景中心位置处的目标聚焦性能越差。下面我们将分析该补偿方法的有效聚焦范围。

由式(3-37)可知,在子孔径积累角 θ_{subBW} 内,由地形起伏误差导致的距离向偏移为

$$\Delta\Delta R_{\text{groundC}} \approx \theta_{\text{subBW}} \times \max_{\varphi,\varphi_p \in [-\pi,\pi]} \Delta R_{\text{ground}}$$

$$= \theta_{\text{subBW}} \Delta h \tan\theta_0 \frac{1}{1-q} \quad (3-39)$$

由式(3-39)可见,在既定系统参数下,单个点目标的径向最大偏移值由其子孔径积累角大小和点目标相对于场景中心位置决定。子孔径积累角越小,目标点越靠近场景中心,则径向最大偏移值越小。当其小于系统分辨率时,有

$$\theta_{\text{subBW}} \Delta h \tan\theta_0 \frac{1}{1-q} \leqslant \rho_{\text{resolution}} \quad (3-40)$$

此时,地形起伏误差对聚焦质量影响可忽略。

同时,在同一子图像内,目标点在不同观测位置处的距离向相对偏移不能超过图像分辨率,即

$$\begin{aligned}
&\max_{\varphi,\varphi_p \in [-\pi,\pi]} \Delta R_{\text{ground}} - \min_{\varphi,\varphi_p \in [-\pi,\pi]} \Delta R_{\text{ground}} \\
&= \Delta h \tan\theta_0 \left[\max_{\varphi,\varphi_p \in [-\pi,\pi]} \frac{1}{e^{j\varphi} - qe^{j\varphi_p}} - \min_{\varphi,\varphi_p \in [-\pi,\pi]} \frac{1}{e^{j\varphi} - qe^{j\varphi_p}} \right] \\
&= \Delta h \tan\theta_0 \left[\frac{1}{1-q} - \frac{1}{1+q} \right] \\
&= \Delta h \tan\theta_0 \frac{2q}{1-q^2} \leqslant \rho_{\text{resolution}}
\end{aligned} \quad (3-41)$$

式(3-40)与式(3-41)给出了所提方法对场景大小和所能处理的误差范围。

3.4 基于 CSAR 的多聚焦成像方法

在地形起伏较缓场景下基于子图像匹配成像的地形起伏补偿方法主要分为两步:首先,对完整 CSAR 数据进行孔径分割,结合数据采用 FFBP 算法分别对子孔径数据进行成像,获取子图像;其次,通过图像匹配将各个子图像进行非相干累加,获得最终成像结果。该方法可以降低 CSAR 成像对高程数据精度的要求。然而,子图像受地形起伏的影响表现为距离向形变,且距离越远,形变越严重。因此,采用上述补偿方法时,距离场景中心越远,目标的聚焦性能越差。由此可知,该补偿方法的有效聚焦范围受限,所能处理的地形起伏范围也非常有限。

针对该问题,需要面向地形起伏剧烈区域的 CSAR 二维成像方法。如

图 3-11(a)所示,在高程不同的 A、B 区域分布的两个理想点目标,由于地形起伏程度不同,其在 CSAR 子孔径中在距离向偏离量不同。若以 A 区域为聚焦中心,即以 A 区域点目标的偏移作为整个场景匹配偏移量,可得图 3-11(b),所得图像结果中 A 区域得到了良好的聚焦,而 B 区域则由于偏移量不同,处于散焦状态;反之,若以 B 区域为聚焦中心,则结果相反。

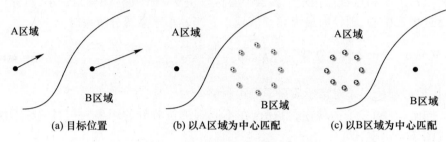

图 3-11 局部中心匹配示意图

上述现象与光学传感器对远近景不同区域进行聚焦成像类似。根据光学成像原理,光学传感器对某一场景成像时,由于成像系统聚焦范围有限,在聚焦深度之内的物体聚焦良好,可呈现清晰图像,而聚焦深度之外的对象将呈现不同程度的模糊。其原因在于不处于焦平面上的物体反射光线不会达到聚焦点上,而会在成像平面上的一个区域,这个区域的对象则表现为失焦模糊。如图 3-12(a)所示,进行远景对焦则照片中远景清晰、近景模糊,反之则如图 3-12(b)所示的远景模糊、近景清晰。为了获取更为全面和准确的场景图像描述,光学多聚焦成像利用不同焦距捕获相同场景不同聚焦深度的多个图像,并进行融合处理,来补充聚焦区域,获取全聚焦图像,如图 3-12(c)所示。

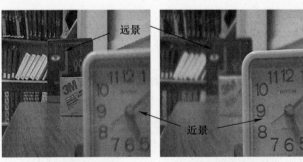

图 3-12 光学多聚焦成像示意图

借鉴光学多聚焦融合成像思想,将采用基于机载 CSAR 的多聚焦成像技术。图 3-13 为申请人在前期研究中对某城镇区域的 L 波段 CSAR 子孔径图像

第3章 机载CSAR成像算法研究

以局部不同高度平面为聚焦中心进行图像匹配处理的结果。其中图3-13(a)为以A区域为"焦点"平面获得的匹配结果,图3-13(b)则是以B区域为"焦点"平面获得的匹配结果。观察两幅图像可发现,图3-13(a)、(b)在各自的"焦点"平面附近区域内均聚焦良好,而与之"焦点"平面高度相差较大的区域则散焦严重。这里我们将该"焦点"附近保持良好聚焦的高度范围称为CSAR的"聚焦深度"。

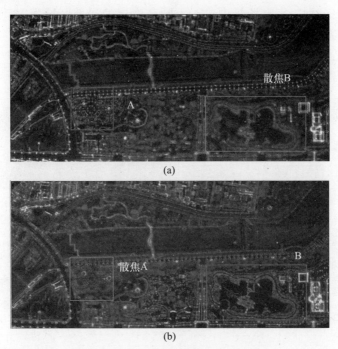

图3-13 不同聚焦深度的CSAR图像

需注意的是,也有少数SAR研究中也有"聚焦深度"的概念提出,指能精确聚焦成像的斜距历程范围,用于探讨成像算法中高阶相位误差对成像场景范围的限制。本章提出的CSAR的"聚焦深度"的概念更为接近光学成像中的对应概念,为能保持良好聚焦的成像平面与圆周轨迹平面(类比为相机)之间的距离范围。同样,对于低分辨率图像其对地形起伏容忍范围大些,相应"聚焦深度"范围大些,而高分辨率图像则相应"聚焦深度"范围较小。故后续还将根据成像几何以及成像分辨率定量地分析CSAR"聚焦深度"范围,以适用不同频段数据的成像需求。

综上所述,该方法将通过子孔径图像局部不同高程平面进行"对焦"获得不同景深的CSAR图像,再进行多聚焦融合以获取全聚焦图像,并且还可根据

融合时图像区域所选择的景深图像标定该区域的高程范围。基于上述思路,流程如图 3-14 所示,将分为四个步骤:

步骤 1:根据 CSAR 系统参数、成像几何以及所需图像分辨率,将完整的圆周孔径数据按观测方位角等分为若干个子孔径数据。

步骤 2:采用高分辨率快速成像算法对子孔径数据进行相干成像处理,获取相应的 CSAR 子图像。

步骤 3:分别以完整场景中位于不同高度层的局部区域为"焦点",进行子图像的配准融合处理,获取不同"聚焦深度"的 CSAR 成像结果。

步骤 4:对不同"聚焦深度"的 CSAR 图像进行融合处理,获取全局成像结果,并根据融合图像选择标定图像中不同区域的高程范围。

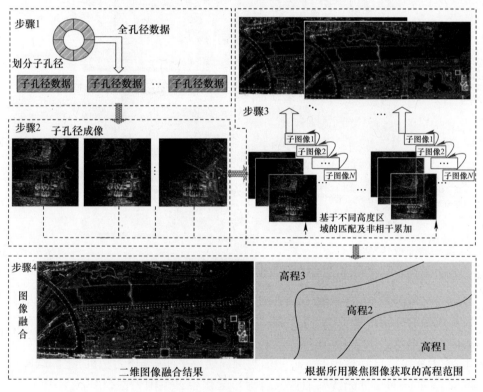

图 3-14 CSAR 多聚焦成像处理流程示意图

此外,该方法还需深入研究以地形误差起伏分析为基础的"焦点"区域及其选择策略,并进行图像融合质量评估,对"聚焦深度"选择策略进行自适应的动态调整与迭代,从而实现在无外部高程辅助数据可利用情况下的 CSAR 高质量成像处理。

3.5 实验结果

3.5.1 仿真实验

为证明所提结合 CSAR 时域快速算法的地形起伏误差补偿方法的有效性,本节将进行仿真实验和实测数据处理验证。

首先,进行 CSAR 点目标仿真成像实验。该仿真实验所采用的具体参数如表 3-2 所示。设置观测场景大小为 160m×160m,并在其中设置 9 个理想点目标。其中 8 个点目标以半径 150m 环绕场景中心均匀排列,剩余 1 个位于场景中心处。仿真中所采用的初始子孔径为 $I_0 = 32$,分解因子 I 为 2,最大子孔径积累角为 45°,即取 K 为 8。图 3-15(a)、(b)分别给出了 BP 算法和所提快速时域算法的仿真结果,其中采用 BP 算法耗时 5602.3s,采用所提快速时域算法耗时 746.4s。图 3-16~图 3-18 分别为图 3-15(a)中所标识的 A、B 和 C 点目标的放大轮廓图。从上述成像可以看出,采用所提快速时域算法的成像结果与采用 BP 算法的成像结果相似,但点目标的旁瓣略有不同,这是由于快速时域算法的局部近似中引入了一定误差所致。为更好地对比两种算法的成像质量,表 3-3 给出了 A、B、C 目标点的成像质量的评价指标:x、y 方向分辨率、峰值旁瓣比和二维积分旁瓣比。从主要的成像质量指标来看,所提快速时域算法的聚焦质量与 BP 算法相差无几。

表 3-2 仿真系统参数

参数	参数值
载频	500MHz
带宽	100MHz
载机速度	45m/s
圆周轨迹半径	1000m
飞行高度	1000m

表 3-3 点目标聚焦质量评估

目标编号	成像算法	分辨率/m		峰值旁瓣比/dB		二维积分旁瓣比/dB
		x 向	y 向	x 向	y 向	
A	所提算法	0.148	0.151	-7.959	-8.008	-4.094
	BP 算法	0.149	0.149	-8.089	-8.067	-4.033
B	所提算法	0.149	0.148	-7.306	-8.145	-4.056
	BP 算法	0.151	0.150	-7.960	-7.937	-4.037

续表

目标编号	成像算法	分辨率/m		峰值旁瓣比/dB		二维积分旁瓣比/dB
		x 向	y 向	x 向	y 向	
C	所提算法	0.152	0.149	-7.905	-7.823	-4.076
	BP 算法	0.149	0.150	-8.094	-7.836	-4.038

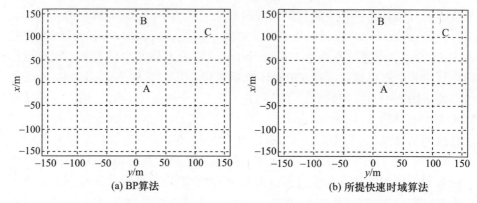

图 3-15　成像结果图

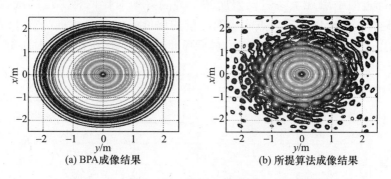

图 3-16　目标 A 放大图

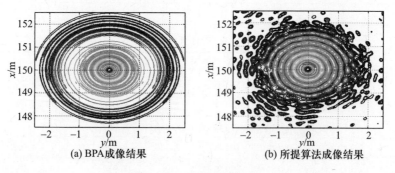

图 3-17　目标 B 放大图

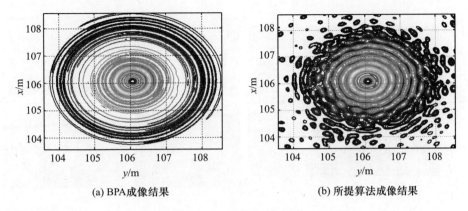

(a) BPA成像结果　　　　　　　(b) 所提算法成像结果

图 3-18　目标 C 放大图

3.5.2　实测数据处理

本小节采用美国 AFRL 公开的多极化多基线 CSAR 数据——Gotcha 对算法有效性做进一步验证。选取数据中第一条基线所录取的数据进行处理，与该条数据相对应的由 GPS 记录的平台飞行轨迹如图 3-19 所示。设置最终成像区域大小为 100m×100m，所划分网格间距为 0.05m×0.05m，图像显示动态范围为 -47~0dB。图 3-20 与图 3-21 分别给出了在所提快速时域算法和 BP 算法处理下的成像结果，其中采用 BP 算法耗时 7320.6s，采用所提快速时域算法耗时 941.5s。为便于比较，图 3-20 与图 3-21 的右侧分别给出场景中方框 A 与 B 所指示两目标（一个顶帽和一个车辆）的放大图和对应实物的光学图。

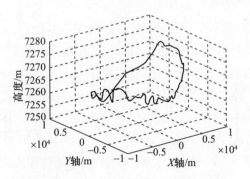

图 3-19　Gotcha 数据第一次飞行轨迹图

实测数据处理结果表明，CSAR 成像能完整地反映观测场景中实际目标（如车辆）的轮廓。由所提基于快速时域算法实现了良好聚焦，获得的图像质量与

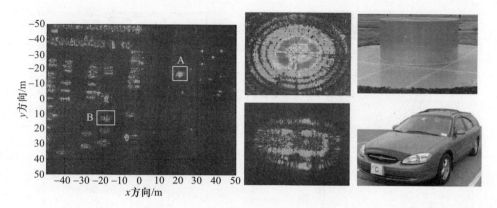

图3-20 所提CSAR快速时域成像结果

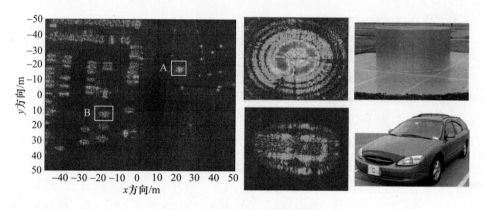

图3-21 CSAR BP成像结果

BP算法相当,证明了所提算法的有效性。

同样采用该实测数据,验证所提地形起伏误差补偿算法的有效性。在观测区域以+10m偏差的形式加入了地形起伏误差,设置有效成像场景大小为100m×100m。根据第2章中的非相干成像下点目标分辨率分析,在子孔径积累角为2°时,其分辨率约为0.25m。所设置成像场景半径80m和系统参数(表3-1)满足式(3-39)与式(3-41)的有效补偿条件。图3-22(a)、(b)分别给出了无地形起伏误差和采用所提补偿方法的实验结果。与3.4节中的理论分析相吻合,在图3-22(a)中,由于地形起伏误差导致成像投影发生偏移,具有较强全向散射特征的目标(如顶帽等)散焦成近圆环状。而散射角有限的角反射器等目标则呈圆弧状。图3-22(b)的成像结果具有较高的聚焦质量,验证了所提补偿方法的有效性。

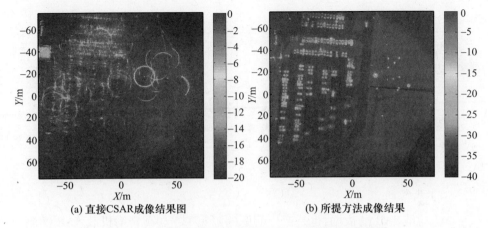

(a) 直接CSAR成像结果图　　(b) 所提方法成像结果

图 3-22　地形起伏误差下的 CSAR 实测数据成像结果

第4章

CSAR成像自聚焦算法研究

"运动是 SAR 的依据,也是产生问题的源头"[93]。高精度机载 SAR 实测数据处理主要面对两个问题:一是雷达搭载的飞行平台在运动过程中,易受到空气气流扰动等影响,不能完全沿着理论轨迹运动。实际运动轨迹和理想轨迹之间的差值,即为运动误差。运动误差使 SAR 成像处理变得更加复杂和困难,尤其对于基于规则成像几何模型(如直线、理想圆等)的频域类成像处理方法。实际数据录取中需依靠安装在载机上的各种传感器测得飞行过程中各项运动参数,进而得到不规则的飞行实际轨迹。频域类处理方法根据获取的实际飞行估计,对成像模型进行"修补",以减小运动误差带来的影响。但这些"修补"多是建立在一些近似处理基础上,并不能完全消除运动误差的影响。对于时域算法,由于其成像几何的灵活性,易于和定位数据相结合,可以很好地消除运动误差。二是获得的传感器数据不可避免存在测量误差。由于受搭载平台空间、荷载和设备成本所限,用以获取平台运动数据的传感器精度有限,其对飞行轨迹的测量不可避免存在误差。越是高精度的 SAR 成像,对轨迹误差就越是敏感,因此在测量误差超过成像聚焦所容许的上限时,就需自聚焦算法做进一步处理。

机载 CSAR 系统常采用惯性导航系统(Inertial Navigation System,INS)或者全球定位系统(Global Position System,GPS)进行飞行轨迹的记录。目前在商业级产品中,这两者所能达到的精度仅为米量级。该量级的精度,还不能满足高分辨率 CSAR 成像。过大的测量误差不仅会导致图像严重散焦,还会造成图像的几何形变。因此自聚焦算法对于 CSAR 必不可少。

目前国内外对 CSAR 实测数据处理基于各种系统特点和实验条件,采取了一些弥补定位精度不足的辅助手段,其中具有代表性的有以下 3 种:①美国 AFRL 在 Gotcha CSAR 车场数据处理中,采取在观测场景中放置四面角反射器的方法,利用这些近似各向同性反射的四面角反射器作为定标器,以该反射器为基准,采用重叠子孔径的方法,提取每一帧子孔径图像中四面角反射器的偏移位置,从中推算得出相位误差数据[124-125];②法国 ONERA 在其 X 波段机载 CSAR 成像中放置了三个定标器,利用三角定位法来测定机载平台的运动误差数据[73];③德国 DLR 在其试验中同样放置了定标器。早期试验采用的定标器为龙伯格透镜,因其具有良好的全向反射特性,可视为场景中的一个理想点目标。通过估计其二维频谱,得到运动补偿数据。后续试验中,DLR 也采取了多个三面角反射做定标器,来矫正运动误差[45-46]。上述方法的原理是通过人为放置定标器获取精确的运动误差数据,以解决定位测量精度不足的问题。但在实际应用中,尤其是执行军事任务时,很难或者不可能在待观察区域提前预设定位器来辅助侦测行动。

因此,研究无定标器下的 CSAR 自聚焦方法更具实际意义。传统的基于回波数据的自聚焦方法(如相位梯度自聚焦法),可直接应用于图像域进行自聚焦处理,但需图像域数据和相位历史之间为傅里叶变换关系[126],这个关系在 CSAR 的复杂成像几何中很难成立,因此不适于 CSAR 数据处理。而图像位移算法(Map Drift Algorithm,MDA),建立在相应直线轨迹误差模型上,不具有良好的普适性[127-128]。

根据最优化准则,J. N. Ash 提出了一种基于最优化准则的 BP 自聚焦(Autofocus Backprojection,ABP)[129]算法,将成像和自聚焦联系起来,理论上能适应任意的成像构型,且易与运动补偿和 DEM 数据相结合。然而,该方法需计算并存储每一条回波对于整个场景的投影,带来非常大的计算量和存储空间需求。K. Hu 对其进行了改进[130],减小了计算量和存储空间,但忽略了 ABP 的相位误差估计结果受到观测场景的目标能量分布的影响。最优化准则,能将图像中因运动误差导致成像散焦的目标能量聚集起来,但其结果不能说是理想聚焦结果。当观测场景中具有强点目标时,就容易造成该点目标的"过聚焦",这种过聚焦不仅不能反映场景的实际反射能量情况,还会导致图像其他区域散焦严重。针对上述问题,本章提出了改进自聚焦算法(EABP),并将其应用于 CSAR 成像处理之中。

本章的研究内容如下:4.1 节分析机载 CSAR 的运动误差。4.2 节分析 ABP 算法基本原理,并在此基础上提出了 EABP 算法。4.3 节研究了适用于 CSAR 的自聚焦算法。4.4 节给出了仿真和实测数据处理结果,验证了所提算法的有效性。

4.1 机载 CSAR 运动误差分析

如图 4-1 所示为机载 CSAR 成像几何,雷达系统搭载的机载平台在与 xy 轴平行的平面绕着 z 轴,做半径为 R_{xy} 的 360°圆周轨迹飞行。平台飞行高度为 H,雷达波束始终指向场景中心 O,以 x 轴为相对起点的雷达平台的旋转角为 ϕ,取值为 $[0,2\pi)$,雷达波束俯仰角 θ 在整个运动过程中保持不变。记第 k 个采样位置的雷达相位中心的位置矢量为 $l_k=(x_k,y_k,z_k)$。设点 P 为观测场景中任意一个点目标,其位置矢量可以表示为 $r_P=(x_P,y_P,z_P)$。则天线相位中心 l_k 到点目标 r_P 之间的单斜距历程为

$$R(l_k,r_P)=\sqrt{(x_k-x_P)^2+(y_k-y_P)^2+(z_k-z_P)^2} \qquad (4-1)$$

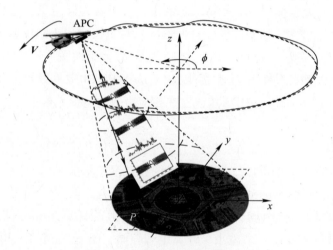

图 4-1 机载 CSAR 成像几何

设发射信号为线性调频信号,由 2.1.2 节得,信号经目标反射,由接收天线获取,再经过正交解调、脉冲压缩后,所得回波可以表示为

$$s_{rc}(\tau,l_k)=\sigma_P p_{rc}\left[B\left(\tau-\frac{2R(l_k,r_P)}{c}\right)\right]\exp\left[-j4\pi f_c\frac{R(l_k,r_P)}{c}\right] \qquad (4-2)$$

式中:σ_P 表示点目标 P 的后向散射系数;$p_{rc}(\cdot)$ 匹配滤波后的脉冲压缩函数;B 为发射信号带宽;τ 表示快时间;c 为光速常量;f_c 为信号载频。设成像平面内任意一点位置的向量为 $r=(x,y,z)$。实际应用中,数据采集为离散形式,在 CSAR 成像结果中,位于 r 处的成像结果可以表示为 K 个方位脉冲的离散和,即

第4章 CSAR 成像自聚焦算法研究

$$z(\boldsymbol{r}) = \sigma_P \sum_k s_{\rm rc}\left(\frac{R(\boldsymbol{l}_k,\boldsymbol{r}_P)}{c},\boldsymbol{l}_k\right)_{\rm p} \exp\left[{\rm j}4\pi f_c \frac{R(\boldsymbol{l}_k,\boldsymbol{r})}{c}\right] \quad (4-3)$$

式(4-3)即为对 CSAR 成像的后向投影算法离散表达式。

记 $\boldsymbol{b}_k$ 为第 k 个采样位置处的回波对成像场景中所有网格点的投影向量,则平面内某点 $\boldsymbol{r}$ 处的后向投影值在 $\boldsymbol{b}_k$ 中可以记为 $b_{k,r}$,则

$$b_{k,r} = s_{\rm rc}\left(\frac{R(\boldsymbol{l}_k,\boldsymbol{r}_P)}{c},\boldsymbol{l}_k\right)\exp\left[{\rm j}4\pi f_c \frac{R(\boldsymbol{l}_k,\boldsymbol{r})}{c}\right] \quad (4-4)$$

据此,聚焦图像可表示为

$$z = \sum_k \boldsymbol{b}_k \quad (4-5)$$

当前在实际系统中,可通过高精度传感器测量载机运动数据获得天线相位中心的准确位置,但现有常规机载定位系统还无法达到高分辨率 CSAR 成像所需的指标要求,因此实际运动轨迹与测量所得轨迹之间存在的测量误差难以避免。设通过测量所得的第 i 个采样相位中心的位置为 $\boldsymbol{l}'_k = (x'_k, y'_k, z'_k)$,则由其导致的相位误差可以表示为

$$\phi_k(\boldsymbol{r}) = 4\pi \frac{f_c}{c}[R(\boldsymbol{l}_k,\boldsymbol{r}) - R(\boldsymbol{l}'_k,\boldsymbol{r})] = 4\pi \frac{\Delta R(\boldsymbol{l}'_k,\boldsymbol{l}_k,\boldsymbol{r})}{\lambda} \quad (4-6)$$

其中载波波长 $\lambda = c/f_c$,$R(\boldsymbol{l}'_k,\boldsymbol{r})$ 为相位中心与观测网格点之间的测量斜距。在相位误差补偿模型中,通常假设相位误差与网格点位置无关,即 $\phi_k(\boldsymbol{r}) \equiv \phi_k$。当存在上述相位误差时,压缩脉冲的投影结果受到相位误差的影响变为

$$\boldsymbol{b}_k \to \tilde{\boldsymbol{b}}_k = \boldsymbol{b}_k {\rm e}^{{\rm j}\phi_k} \quad (4-7)$$

直接求和 $\tilde{\boldsymbol{b}}_k$(即求得 $\sum_k \tilde{\boldsymbol{b}}_k$)在相位误差较大的情况下,难以获得聚焦良好的成像结果。

设各个采样位置估计的相位误差值为 $\hat{\boldsymbol{\phi}} = \{\hat{\phi}_1 \cdots \hat{\phi}_k \cdots \hat{\phi}_K\}$,对相位误差进行补偿,图像结果为

$$z = \sum_k \tilde{\boldsymbol{b}}_k {\rm e}^{-{\rm j}\hat{\phi}_k} \quad (4-8)$$

对比度最优算法(Contrast Optimized Algorithm,COA)[131]、PACE(Phase Adjustment by Contrast Enhancement)[132-133] 等算法同样基于该误差补偿模型。但通过上述分析可知,该模型忽略了相位误差的空变性。因此采用基于模型的

自聚焦算法时,首先要考虑相位误差是否满足 $\phi_k(r) \equiv \phi_k$ 这个条件。表 4-1 给出了某 P 波段 CSAR 系统参数。如图 4-2 所示,在该成像几何下,不同维度的偏移误差所引起的距离斜距误差也不尽相同,场景中各个成像网格点处的距离误差差值 $\Delta|\Delta R|$ 小于 0.2m,且该值随着观测场景面积的增加而增大。根据式(4-6),可知相位误差在距离误差 ΔR 一定的情况下,与波长成反比。因此对高频段(短波长)SAR 系统,相位误差会更加明显。采用低频信号在该模型假设下能获得更大的有效聚焦场景。

表 4-1　P 波段 SAR 系统参数

参数	参数值
工作频段	P 波段
信号带宽	100MHz
斜距长度	3000m
飞行高度	2500m
平台速度	50m/s

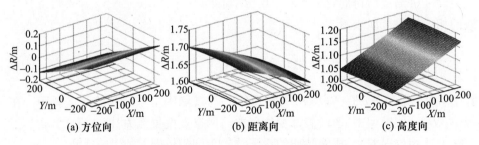

图 4-2　不同方向下的 1m 轨迹偏移产生距离误差对比

4.2　结合 BP 的自聚焦算法

4.2.1　算法原理

Ash 提出的基于 BP 自聚焦算法[128]同样基于上述模型,在误差相位估计上,采取了图像最锐利准则(Maximizing Image Sharpness)[134-135]或者称为图像最大能量准则,即找到使得

$$\hat{\boldsymbol{\phi}} = \arg\max_{\boldsymbol{\phi}} s(\boldsymbol{\phi}) \tag{4-9}$$

的最优解,其中 $s(\hat{\boldsymbol{\phi}}) = \|v\|^2 = \sum_i \nu_i^2, \nu_i = z_i z_i^*$ 为评价图像锐利程度的函数,即能量评估函数。接下来将介绍如何解决上述多维优化问题。

将待估计的相位误差向量 $\hat{\boldsymbol{\phi}}$ 视为多维空间中的一点,采取坐标下降(Coordinate Descent)法对其进行估计。该方法是一种非梯度优化算法,在每一次迭代中,沿当前点处的一个坐标方向进行一维搜索,以求得目标函数的局部极值。在 SAR 自聚焦应用中,式(4-9)中的能量评估函数 $s(\boldsymbol{\phi})$ 即为目标函数,若第 n 次迭代结果 $\hat{\boldsymbol{\phi}}^n = \{\hat{\phi}_1^n, \cdots, \hat{\phi}_k^n, \cdots, \hat{\phi}_K^n\}$ 已经给定,那么 $\hat{\boldsymbol{\phi}}^{n+1}$ 的第 k 个估计结果为

$$\hat{\phi}_k^{n+1} = \arg\max_{\phi} s(\hat{\phi}_1^{n+1}, \cdots, \hat{\phi}_{k-1}^{n+1}, \phi, \hat{\phi}_{k+1}^n, \cdots, \hat{\phi}_K^n), k = 1, 2, \cdots, K \quad (4-10)$$

结合 ABP 模型的目标函数,重写式(4-8),令第 n 次估计迭代时成像结果为

$$\begin{aligned} z(\hat{\boldsymbol{\phi}}) &= \sum_{p=1}^{k-1} \mathrm{e}^{-\mathrm{j}\hat{\phi}_p^{n+1}} \tilde{\boldsymbol{b}}_p + \sum_{p=k+1}^{K} \mathrm{e}^{-\mathrm{j}\hat{\phi}_p^n} \tilde{\boldsymbol{b}}_p + \mathrm{e}^{-\mathrm{j}\phi} \tilde{\boldsymbol{b}}_k \\ &= \boldsymbol{x} + \mathrm{e}^{-\mathrm{j}\phi} \boldsymbol{y} \end{aligned} \quad (4-11)$$

即寻到 $\hat{\phi}_k^{n+1} = \arg\max_{\phi} s(z(\hat{\phi}_1^{n+1}, \cdots, \hat{\phi}_{k-1}^{n+1}, \phi, \hat{\phi}_{k+1}^n, \cdots, \hat{\phi}_K^n)), k = 1, 2, \cdots, K,$ 而

$$\begin{aligned} v_i &= z_i z_i^* = (x_i + \mathrm{e}^{-\mathrm{j}\phi} y_i)(x_i^* + \mathrm{e}^{\mathrm{j}\phi} y_i^*) \\ &= |x_i|^2 + |y_i|^2 + \mathrm{e}^{-\mathrm{j}\phi} y_i x_i^* + x_i \mathrm{e}^{\mathrm{j}\phi} y_i^* \\ &= |x_i|^2 + |y_i|^2 + 2 \times \mathrm{real}(y_i^* x_i \mathrm{e}^{\mathrm{j}\phi}) \end{aligned} \quad (4-12)$$

令其中固定常量部分为 $(v_0)_i = |x_i|^2 + |y_i|^2$,含有待估计参数为 $(v_\phi)_i = 2 \times \mathrm{real}(y_i^* x_i \mathrm{e}^{\mathrm{j}\phi})$,则有

$$\boldsymbol{v} = \boldsymbol{v}_0 + \boldsymbol{v}_\phi \quad (4-13)$$

对 $\boldsymbol{v}_\phi$ 进行整理得

$$\begin{aligned} (v_\phi)_i &= 2 \times \mathrm{real}(y_i^* x_i \mathrm{e}^{\mathrm{j}\phi}) = 2 \times \mathrm{real}(y_i^* x_i \cos\phi + \mathrm{j} y_i^* x_i \sin\phi) \\ &= 2 \times \mathrm{real}(y_i^* x_i) \cos\phi - 2 \times \mathrm{Imag}(y_i^* x_i) \sin\phi \end{aligned} \quad (4-14)$$

再设 $\boldsymbol{a} = 2 \times \mathrm{real}(y_i^* x_i); \boldsymbol{b} = -2 \times \mathrm{Imag}(y_i^* x_i)$,有

$$\boldsymbol{v}_\phi = \boldsymbol{a}\cos\phi + \boldsymbol{b}\sin\phi \quad (4-15)$$

问题被转换为求解下述问题:

$$\begin{cases} \hat{\boldsymbol{\phi}} = \arg\max_{\phi}(\|\boldsymbol{v}\|^2) \\ \quad\quad\quad \downarrow \\ \hat{\boldsymbol{\phi}} = \arg\max_{\phi}(\|\boldsymbol{v}_0 + \boldsymbol{v}_\phi\|) \end{cases} \quad (4-16)$$

从几何角度理解上述问题,如图 4-3 所示,设 v 为存在于 $\mathbb{R}^H$ 空间的一个

向量,其中空间维度 H 取决于自聚焦图像的网格点数。$\mathbb{R}^H$ 空间中,a、b 两向量张成一个空间 Σ,并以向量 v_0 与 Σ 的交点为中心,形成以 $\|a\|$、$\|b\|$ 为长短半轴的椭圆 s。问题即求使 $\|v\|$ 最大的椭圆点 s,从而确定 v_ϕ,完成对 $\hat{\phi}$ 的估计。

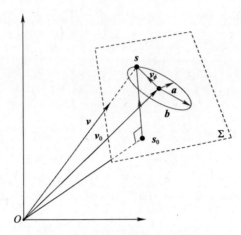

图 4-3　自聚焦模型的几何解释

通过上述几何关系,具体的估计推导如下:

(1) 建立以 a、b 两向量张成平面 Σ 的标准正交系 $E = [e_1 e_2]$。采用 Gram-Schmidt[136] 正交化法,可得基向量为

$$e_1 = \frac{a}{\|a\|} \tag{4-17}$$

$$e_2 = \frac{b - \langle e_1, b \rangle e_1}{\|b - \langle e_1, b \rangle e_1\|} \tag{4-18}$$

则 a、b 在该正交系下的线性表示为

$$\tilde{a} = E^T a = \begin{bmatrix} \tilde{a}_1 \\ \tilde{a}_2 \end{bmatrix}; \quad \tilde{b} = E^T b = \begin{bmatrix} \tilde{b}_1 \\ \tilde{b}_2 \end{bmatrix} \tag{4-19}$$

位于 Σ 平面的椭圆轨迹可以表示为 $s(\phi) = \begin{bmatrix} s_1 & s_2 \end{bmatrix}^T = \tilde{a} \cos(\phi) + \tilde{b} \sin(\phi)$,也可以表示为

$$f(s) = s^T R s = 1 \tag{4-20}$$

其中协方差矩阵

$$R = \begin{bmatrix} r_1 & r_3 \\ r_3 & r_2 \end{bmatrix} \quad (4-21)$$

其中

$$\begin{aligned} r_1 &= (\tilde{a}_2 + \tilde{b}_2^2)/cv_0 \\ r_2 &= (\tilde{a}_1^2 + \tilde{b}_1^2)/c \\ r_3 &= -(\tilde{a}_1\tilde{a}_2 + \tilde{b}_1\tilde{b}_2)/c \\ c &= (\tilde{a}_2\tilde{b}_1 - \tilde{a}_1\tilde{b}_2)^2 \end{aligned} \quad (4-22)$$

(2) 做 $\mathbb{R}^H$ 空间原点在 Σ 投影点,即向量 v 在 Σ 上的垂足 s_0,由于 v 未知,可通过确定 s_0,表示为

$$s_0 = -E^T v_0 \quad (4-23)$$

这样又将问题转化为求解椭圆上一点,使其到椭圆外一点 s_0 的距离最远。由几何知识可知,以 $\|\hat{s}s_0\|$ 为半径,s_0 为圆心的圆与椭圆相切于 $\hat{s}$,如图 4-4 所示。设该切点 $\hat{s}$ 的椭圆法向量为 $n(\hat{s})$,则等价于椭圆在该点梯度向量,即为

$$n(\hat{s}) \equiv \nabla f(\hat{s}) = 2R\hat{s} \quad (4-24)$$

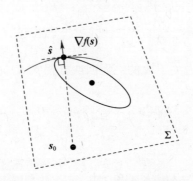

图 4-4 在 Σ 平面上求圆与椭圆相切

同时其与 $s_0 - \hat{s}$ 在同一直线上,故有

$$s_0 - \hat{s} = \alpha n(\hat{s}) \quad (4-25)$$

其中 α 为一未知标量。联立式(4-24)与式(4-25)有

$$s_0 - \hat{s} = 2\alpha R\hat{s} \quad (4-26)$$

将常数因子 2,归入 α 中,整理得

$$\hat{s} = (I + \alpha R)^{-1} s_0 \qquad (4-27)$$

（3）为求解上述问题，先对 R 进行特征分解 $R = V\Lambda V^{\mathrm{T}}$，于是有

$$(\alpha R + I) = V(\alpha \Lambda + I) V^{\mathrm{T}} \qquad (4-28)$$

将式(4-27)和式(4-28)代入式(4-20)，得

$$(V^{-1} s_0)^{\mathrm{T}} \begin{bmatrix} \dfrac{\lambda_1}{(\alpha\lambda_1 + 1)^2} & \\ & \dfrac{\lambda_2}{(\alpha\lambda_2 + 1)^2} \end{bmatrix} V^{-1} s_0 = 1 \qquad (4-29)$$

令 $\begin{bmatrix} \beta_1 \\ \beta_2 \end{bmatrix} = V^{-1} s_0$，则有

$$\begin{bmatrix} \beta_1 & \beta_2 \end{bmatrix} \begin{bmatrix} \dfrac{\lambda_1}{(\alpha\lambda_1 + 1)^2} & 0 \\ 0 & \dfrac{\lambda_2}{(\alpha\lambda_2 + 1)^2} \end{bmatrix} \begin{bmatrix} \beta_1 \\ \beta_2 \end{bmatrix} = 1$$

$$\frac{\lambda_1 \beta_1^2}{(\alpha\lambda_1 + 1)^2} + \frac{\lambda_2 \beta_2^2}{(\alpha\lambda_2 + 1)^2} = 1 \qquad (4-30)$$

将式(4-30)变换为关于 α 的一元四次方程 $p(\alpha)$，为

$$p(\alpha) = \sum_{i=0}^{4} \gamma_i \alpha^i = 0 \qquad (4-31)$$

式中

$$\begin{aligned}
\gamma_0 &= \lambda_1 \beta_1 + \lambda_2 \beta_2^2 - 1 \\
\gamma_1 &= 2\lambda_1 (\lambda_2 \beta_2^2 - 1) + 2\lambda_2 (\lambda_1 \beta_1^2 - 1) \\
\gamma_2 &= (\lambda_1 \beta_1^2 - 1) \lambda_2^2 + (\lambda_2 \beta_2^2 - 1) \lambda_1^2 - 4\lambda_1 \lambda_2 \\
\gamma_3 &= -2\lambda_1 \lambda_2 (\lambda_1 + \lambda_2) \\
\gamma_4 &= -(\lambda_1 \lambda_2)^2
\end{aligned} \qquad (4-32)$$

对于一元四次方程最多有四个实数根，其中最大根和最小根分别对应在椭圆上的最近点和最远点[137]。故取 $\hat{\alpha}$ 为其中最小实数根，可得

$$\hat{s} = (\hat{\alpha}\boldsymbol{R} + \boldsymbol{I})^{-1}\boldsymbol{s}_0$$

$$[\,\tilde{\boldsymbol{a}}\ \tilde{\boldsymbol{b}}\,]\begin{bmatrix}\cos\hat{\phi}\\ \sin\hat{\phi}\end{bmatrix} = (\hat{\alpha}\boldsymbol{R} + \boldsymbol{I})^{-1}\boldsymbol{s}_0 \quad (4-33)$$

$$\begin{bmatrix}\cos\hat{\phi}\\ \sin\hat{\phi}\end{bmatrix} = [\,\tilde{\boldsymbol{a}}\ \tilde{\boldsymbol{b}}\,]^{-1}(\hat{\alpha}\boldsymbol{R} + \boldsymbol{I})^{-1}\boldsymbol{s}_0$$

最后通过

$$\hat{\phi} = \arctan\left(\frac{\sin\hat{\phi}}{\cos\hat{\phi}}\right) \quad (4-34)$$

便可估计得相位误差。

4.2.2 改进的 ABP 算法

从以上原理可看出,ABP 算法对误差的估计主要依赖于待估计数据,因此除了误差模型存在的假设限制外,还存在以下两个重大缺陷:①相位误差估计结果依赖图像最大能量准则,假设图像能量最大时,聚焦效果达到最佳。然而该假设无法在所有条件下成立。②相位误差估计的计算量和存储空间大,且与成像网格点数与方位采样点数正相关。

图像的最大能量准则趋于集中那些被相位噪声干扰的强能量源,换而言之,能量评估函数的数值大小主要由场景中的强散射点映射到图像上的亮点决定。因此,对于相位误差的估计偏向于优先考虑强散射点聚焦,以获得更大的图像能量值。这意味着当图像的能量分布严重不均匀时,图像的估计结果将主要由强能量部分决定,容易产生"过聚焦"。如图 4-5 所示,在基于图像最大能量准则下,相位误差的估计主要由来自图中方框区域内建筑的强反射能量决定,而忽略了其他较小散射点的聚焦情况。而点状路灯柱目标(图中椭圆框内)的聚焦质量反而不如采取 ABP 算法前的结果。

根据上述分析可知,非常有必要对用以相位估计的图像能量进行平衡。基于图像能量平衡,本章提出了改进的 BP 自聚焦方法。

如式(4-9)所示,在优化模型中强能量区域目标对相位估计结果占有较大权重。因此,在自聚焦过程中就无须对所有的场景点进行估计。我们可以选择场景中多块分散的点目标区域,联合成新的投影向量 $\tilde{\boldsymbol{b}}_k$ 用于估计相位。选取点目标区域可采用特征点检测的方法来实现,如角点检测和最大极值稳定区域(Maximally Stable External Regions,MSER)检测法[138-139]等。为解决估计局部

(a) 采用自聚焦处理前　　　　　　　(b) 采用自聚焦处理后

图 4-5　成像结果

偏向,避免"过聚焦",我们引入了一个平衡算子 $\Gamma(\cdot)$,以平衡 $\tilde{\boldsymbol{b}}_k$ 的能量分布。为避免相位信息的损失,平衡算子可表示为

$$\Gamma(\tilde{\boldsymbol{b}}_k) = \Psi(\tilde{\boldsymbol{B}}_k) \mathrm{e}^{\mathrm{j}\tilde{\boldsymbol{\theta}}_k} \qquad (4-35)$$

式中:$\tilde{\boldsymbol{B}}_k = |\tilde{\boldsymbol{b}}_k|$ 为数据幅值;$\tilde{\boldsymbol{\theta}}_k = \mathrm{angle}(\tilde{\boldsymbol{b}}_k)$ 为 $\tilde{\boldsymbol{b}}_k$ 中各个网格点投影值的相位;$\Psi(\cdot)$ 的作用是降低 $\tilde{\boldsymbol{B}}_k$ 幅值的动态范围,即减小不同区域的投影能量对 $s(\boldsymbol{\phi})$ 贡献的差别。可采用常见的非线性算子来实现减少数据能量的动态范围。实测数据处理中,则选对数函数 $\log(\cdot)$ 作为平衡算子。所提的自聚焦算法流程图如图 4-6 所示,具体步骤如下:

步骤1:结合低精度的传感器数据,采用第 3 章所提快速时域算法获取粗聚焦图像。

步骤2:采取特征检测法,选取观测场景中一些包含能量相对较强的散射特征点的区域数据,组成新的用以估计的联合数据 $\tilde{\boldsymbol{b}}_k$,如图 4-6 右侧中所示。

步骤3:用平衡算子 $\Gamma(\cdot)$ 减小联合数据 $\tilde{\boldsymbol{b}}_k$ 中不同位置处目标的能量动态范围。

步骤4:基于 $z = \sum_k \Gamma(\tilde{\boldsymbol{b}}_k) \mathrm{e}^{-\mathrm{j}\hat{\phi}_k}$ 模型,采用原始 ABP 算法估计方法,对 $\hat{\boldsymbol{\phi}}$ 进行估计。

步骤5:对相位误差进行补偿,通过快速时域算法获得最终成像结果。

第 4 章 CSAR 成像自聚焦算法研究

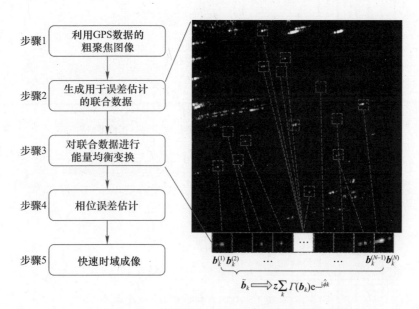

图 4-6 改进的基于 BP 的自聚焦算法流程图

4.3 CSAR 自聚焦算法

4.3.1 机载 CSAR 实测数据成像处理流程

按照子图像累加的相干性，CSAR 成像可分为两大类[45]。一种是直接对全孔径数据进行相干叠加，得到成像结果。另一种是先将全孔径分割成若干子孔径，再分别对这些子孔径数据进行成像处理获得子图像，最后将所得子图像进行非相干累加，得到最终成像结果[53,56-57,140]。虽然采用全孔径相干累加时宽角度成像可以获得更高的分辨率，但这种高分辨性能的获取是以目标为各向同性散射的理想点目标为前提。实际场景中，绝大多数目标的散射角有限，且有多个散射中心[103-141]。研究表明[124]：对于城镇场景的高分辨成像，非相干处理方法所获得的图像更为平滑、相干斑少，在轮廓提取应用上比相干处理所得结果更具有优势。因此本章对实测数据处理主要基于非相干处理。

为减小 CSAR 成像中相位误差的影响，本章提出了基于 EABP、子孔径处理的 CSAR 成像算法，其流程图如图 4-7 所示。

首先，根据分辨率要求和观测目标的后向散射角范围，将完整孔径平均分成 I 个相同长度的子孔径；其次，采用 EABP 算法分别对所得子孔径数据进行自聚焦成像处理，得到子图像；最后，将所有子图像通过特征点匹配，进行非相干

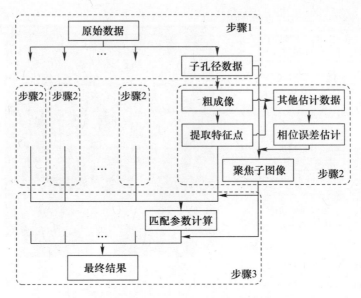

图4-7 所提 CSAR 自聚焦成像算法流程图

叠加,得到最终的成像结果。

2.3.2 节对非相干处理下子孔径的大小与分辨率之间关系做了详细的分析,4.2.2 节则给出了 EABP 算法的具体实现方法。在获取所有高精度子孔径图像后,需将它们精确地累加起来,本节将主要阐述 CSAR 子孔径图像的匹配叠加问题。

4.3.2 子图像链式匹配

在 CSAR 成像中,由于观测时存在运动轨迹和采样频率误差,导致成像结果的投影发生偏差,形成了图像的偏移和尺度伸缩,即几何形变。形变造成各个相邻的孔径数据之间的误差估计变得不连续,导致在不同孔径中对同一位置的投影点引入了不同的偏移。因此,如果直接将这些子图像进行叠加,则无法得到理想的聚焦结果。我们将采取图像匹配的方法来解决各个子图像之间的几何形变问题。

图像匹配可以获取正确的空间坐标变换,从而使参考图像和待匹配图像中的同一个像素点得以投影到同一个坐标位置上。不失一般性,选取第一幅子孔径图像为参考图像(即为子图像1),作为其他所有子图的全局参考图像。在实际场景中大多数目标的散射角度有限,导致了不同观测角度的子图像之间的反射能量差异较大。为方便匹配,将每两个相邻的子孔径图像作为一对参考图像和待匹配图像。

第4章 CSAR成像自聚焦算法研究

设观测区域任意一个像素位置在待匹配子图像 i 和参考子图像 $i-1$ 中的坐标分别为 (x_i, y_i) 和 (x_{i-1}, y_{i-1})。两个坐标之间的变换关系可以表示为

$$\begin{cases} x_i = f_{i \to i-1}^{(x)}(x_{i-1}, y_{i-1}) \\ y_i = f_{i \to i-1}^{(y)}(x_{i-1}, y_{i-1}) \end{cases} \quad (4-36)$$

式中 $f_{i \to i-1}^{(x)}(\cdot)$ 和 $f_{i \to i-1}^{(y)}(\cdot)$ 是坐标变换函数,由变换模型决定,其中左下标 $i \to i-1$ 表示第 i 个子图像作为待匹配图像,第 $i-1$ 个子图像作为参考图像。这里采用仿射模型作为坐标变换的基本模型。仿射模型对图像的旋转、尺度伸缩等几何形变具有良好的适应性,经常被用于 SAR 图像处理中[142]。基于该模型,式(4-36)可以表示为

$$\begin{cases} x_i = f_{i \to i-1}^{(x)}(x_{i-1}, y_{i-1}) = a_{i \to i-1}^{(x)} x_{i-1} + b_{i \to i-1}^{(x)} y_{i-1} + c_{i \to i-1}^{(x)} \\ y_i = f_{i \to i-1}^{(y)}(x_{i-1}, y_{i-1}) = a_{i \to i-1}^{(y)} x_{i-1} + b_{i \to i-1}^{(y)} y_{i-1} + c_{i \to i-1}^{(y)} \end{cases} \quad (4-37)$$

式中:$a_{i \to i-1}^{(x)}$、$b_{i \to i-1}^{(x)}$、$c_{i \to i-1}^{(x)}$ 为坐标变换函数 $f_{i \to i-1}^{(x)}(\cdot)$ 的参数;$a_{i \to i-1}^{(y)}$、$b_{i \to i-1}^{(y)}$、$c_{i \to i-1}^{(y)}$ 为坐标变换函数 $f_{i \to i-1}^{(y)}(\cdot)$ 的参数。这些参数可以通过两图像之间相同特征点(可采用4.2节所用以选择估计区域的特征点)对应的位置关系计算得到。更具体地说,寻找两图像之间的对应特征点,然后用特征点的空间坐标通过最小二乘法求解变换方程(如式(4-37)所示),可将得到的坐标变换模型参数写为

$$\boldsymbol{A}_{i \to i-1} = \begin{bmatrix} a_{i \to i-1}^{(x)} & b_{i \to i-1}^{(x)} \\ a_{i \to i-1}^{(y)} & b_{i \to i-1}^{(y)} \end{bmatrix}; \quad \boldsymbol{C}_{i \to i-1} = \begin{bmatrix} c_{i \to i-1}^{(x)} \\ c_{i \to i-1}^{(y)} \end{bmatrix} \quad (4-38)$$

然后,式(4-37)可变为

$$\begin{bmatrix} x_i \\ y_i \end{bmatrix} = \boldsymbol{A}_{i \to i-1} \begin{bmatrix} x_{i-1} \\ y_{i-1} \end{bmatrix} + \boldsymbol{C}_{i \to i-1} \quad (4-39)$$

根据式(4-39),在第 i 个子图像与全局参考图像之间的坐标变换方程可以写为

$$\begin{aligned} \begin{bmatrix} x_i \\ y_i \end{bmatrix} &= \boldsymbol{A}_{i \to i-1} \begin{bmatrix} x_{i-1} \\ y_{i-1} \end{bmatrix} + \boldsymbol{C}_{i \to i-1} \\ &= \boldsymbol{A}_{i \to i-1} \boldsymbol{A}_{i-1 \to i-2} \begin{bmatrix} x_{i-2} \\ y_{i-2} \end{bmatrix} + \boldsymbol{A}_{i \to i-1} \boldsymbol{C}_{i-1 \to i-2} + \boldsymbol{C}_{i \to i-1} = \cdots \\ &= \Big[\prod_{k=2}^{i} \boldsymbol{A}_{k \to k-1} \Big] \begin{bmatrix} x_1 \\ y_1 \end{bmatrix} + \Big[\prod_{k=3}^{i} \boldsymbol{A}_{k \to k-1} \Big] \boldsymbol{C}_{2 \to 1} + \Big[\prod_{k=4}^{i} \boldsymbol{A}_{k \to k-1} \Big] \boldsymbol{C}_{3 \to 2} \cdots + \\ &\quad \Big[\prod_{k=i}^{i} \boldsymbol{A}_{k \to k-1} \Big] \boldsymbol{C}_{i-1 \to i-2} + \boldsymbol{C}_{i \to i-1} \end{aligned} \quad (4-40)$$

两图像之间的变换参数为

$$\begin{cases} A_{i\to 1} = \prod_{k=2}^{i} A_{k\to k-1} \\ C_{i\to 1} = \Big[\prod_{k=3}^{i} A_{k\to k-1}\Big] C_{2\to 1} + \Big[\prod_{k=4}^{i} A_{k\to k-1}\Big] C_{3\to 2} + \Big[\prod_{k=i}^{i} A_{k\to k-1}\Big] C_{i-1\to i-2} + C_{i\to i-1} \end{cases}$$

(4-41)

基于式(4-40),通过插值,可获得图像匹配结果为

$$S'_i(x_1, y_1) = S_i(x_i, y_i) \qquad (4-42)$$

同样,可以获得其他子图像对全局参考图像的匹配结果,最后将这些匹配结果进行非相干叠加:

$$S_{\text{final}} = \sum_{i=1}^{N} |S'_i| \qquad (4-43)$$

完整的子图像匹配流程图如图4-8所示。首先,获取相邻子孔径之间的匹配参数。其次,推导待匹配子图像与全局参考图像之间的变换参数。再次,

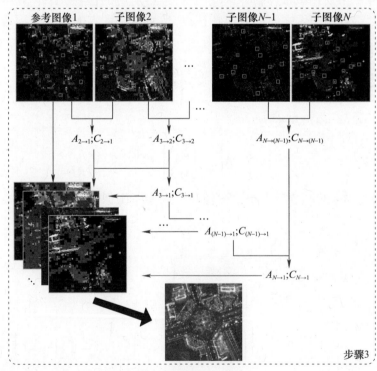

图4-8 子图像匹配流程图

采用变换模型和插值方法,获取图像匹配结果。最后,将所有匹配结果非相干累加,得到最终的成像结果。该种链式匹配方法,结合子孔径处理,可适用于 CSAR 视频成像处理。后续将给出 P 波段 CSAR 的实测数据处理结果,证明所提方法的有效性。

4.4 实验结果

本节实验由两部分组成:一是通过仿真实验证明所提 EABP 算法的有效性。二是通过小型机载 CSAR 实测数据成像实验验证所提的 CSAR 自聚焦算法的有效性。

4.4.1 仿真实验

仿真实验中,在成像区域内布置了两个点目标,两者设有不同的散射强度,其中点 A 的散射强度为 10,点 B 的为 1,两者在 x 方向相距 1000m。其他仿真参数如表 4-2 所示。

表 4-2 仿真参数设置

参数	参数值
工作频段	P 波段
信号带宽	125MHz
成像半径	7000m
平台高度	7000m

回波仿真时在平台轨迹的 x 方向和 y 方向引入随机运动误差,如图 4-9 所示。随机运动误差使两目标成像发生了严重散焦,如图 4-10 所示。

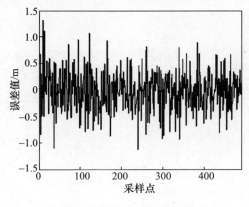

图 4-9 所加入运动误差

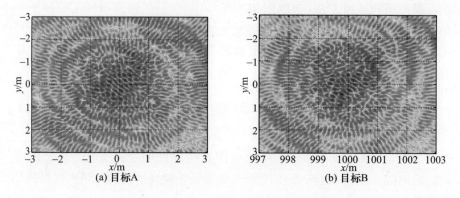

图 4-10 加入误差后点目标散焦图

图 4-11 和图 4-12 分别给出了加入运动误差后,采用原始 ABP 算法和所提 EABP 算法获得的自聚焦结果。由结果可发现,原始 ABP 的误差估计偏向于

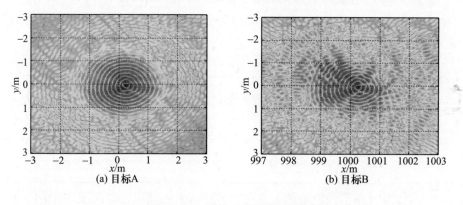

图 4-11 原始 ABP 算法结果

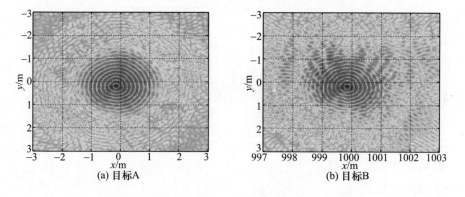

图 4-12 所提 EABP 算法结果

大能量部分的图像聚焦结果,即保证了目标 A 的良好聚焦,但忽略了目标 B,导致离 A 点较远的目标 B 聚焦效果不太理想。而所提算法,平衡了两部分区域的能量,能量较弱的目标 B 的聚焦质量有显著提高。

4.4.2 实测数据

为验证本章所提自聚焦成像算法对实测数据处理中的有效性,本节给出了某机载 P 波段 UWB CSAR 实测数据的处理结果。成像场景为陕西省某县的某国道附近[55],场景中心为一个环岛路口。该系统搭载在飞机"塞斯纳172"上(图 4 – 13),飞行平均高度约 2085m,预设飞行半径为 3000m,天线始终指向场景中心。由于"塞斯纳172"属于小型飞机,容易受到气流影响,上下颠簸严重,难以保持在一个水平平面完成理想圆周运动,如图 4 – 13(b)所示。在数据录取过程中,系统加装定位精度约为 1m 的 GPS 系统,用以提供运动误差粗补偿的测量数据。

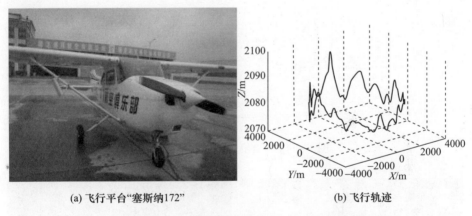

(a) 飞行平台"塞斯纳172"   (b) 飞行轨迹

图 4 – 13 飞行平台"塞斯纳 172"和飞行轨迹

首先,我们验证 EABP 算法的自聚焦能力。从全孔径数据中,抽取一小段圆弧孔径对应的数据,如图 4 – 14 所示。分别采取以低精度 GPS 定位数据做运动补偿的 BP 算法、ABP 算法和所提 EABP 算法对该段数据进行处理,所获取的成像结果如图 4 – 15 所示。其中图 4 – 15(b)为采用 GPS 做补偿的 BP 算法成像结果。可发现,由于 GPS 定位精度低,且飞行轨迹抖动严重,无法满足高精度成像的要求,所得实测图像的聚焦质量不够理想,所得的能量值仅为 $s(\tilde{\phi}) = 11.4679$。图 4 – 15(c)为 ABP 算法的成像结果,由于场景中存在集中的强反射目标,如方框处的建筑物,导致相位误差估计趋于使建筑物反射的能量更集中。这种估计导向虽然获取的能量值较高,$s(\tilde{\phi}) = 286.79$,但由于是局部过聚焦结果,忽略了场景中其他弱反射目标的聚焦需求,因此整幅图像的聚焦效果并不理想。图 4-15(d)给出了采用本章所提 EABP 算法获得的成像结果,为正确估计图像相位误差,在场景中选取了 20 个包含点目标的区域,进行能量平衡。虽然处理后图像的能量评价值($s(\tilde{\phi}) = 163.39$)小于 ABP 获取的,但图像中灯柱呈理想点状,建筑轮廓分明,图像纹理清晰,获得了良好的自聚焦结果。为更好地比较这三种方法的聚焦差别,我们从图 4-15 中提取了圆圈所标出的点状目标,并将其放大,如图 4-16 所示。图 4-17 给出了该点目标的 x 向切面和 y 向切面在不同方法下的对比图。可以发现,所提 EABP 算法自聚焦质量明显优于其他两算法。

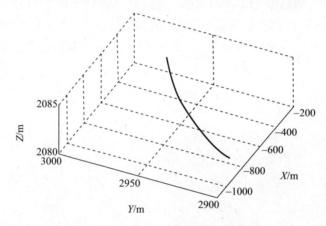

图 4-14 圆弧孔径对应的飞行轨迹

(a) 俯视的光学图像(来自Google Earth)

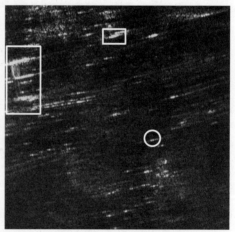

(b) 采用BP算法结合GPS数据的成像结果

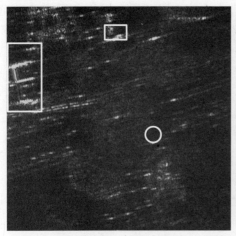

(c) 采用ABP算法的成像结果   (d) 采用所提EABP算法的成像结果

图 4-15 观测场景的子孔径图像

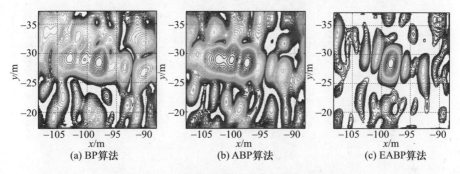

(a) BP算法   (b) ABP算法   (c) EABP算法

图 4-16 不同成像算法下的目标轮廓对比图

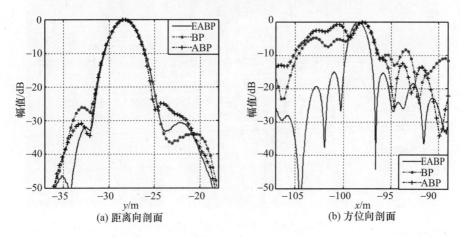

(a) 距离向剖面   (b) 方位向剖面

图 4-17 不同算法下的点目标剖面对比

其次，我们对 CSAR 数据进行了处理。完整一圈圆周数据的录取花费时间约为 6min。成像场景尺寸为 2km×2km（3333 像素×3333 像素），设置非相干处理下的理论分辨率为 2m，场景采样间隔为 0.6m×0.6m。

根据所提 CSAR 数据处理方法，所得结果如图 4-18 所示。可以看出，图像在西北和东南方向较其他地方暗些。原因在于当地在西北和东南方向有两个地方电视台，其中东南方向的广播距场景中心约 50km，如图 4-19 所示。其广播处理的电视信号的频带与我们系统的发射信号相重合，产生了严重的射频干扰（Radio Frequency Interference，RFI）。图 4-20 分别给出了东南、正南、西北三个方向所接收的回波的频谱，其中在正南方向信号带宽内受到的干扰较少。尽管我们采用了一些 RFI 抑制方法[143-145]，但其还是对回波造成了干扰，在这两个方向的子孔径图像噪声，导致了两个方向目标能量较弱，因此在子孔径叠加后，获取的最终图像中这两个方向显得较暗。

图 4-18　大场景 CSAR 成像结果图

第 4 章 CSAR 成像自聚焦算法研究

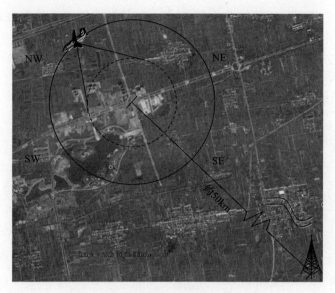

图 4-19 试验周边电磁环境示意图

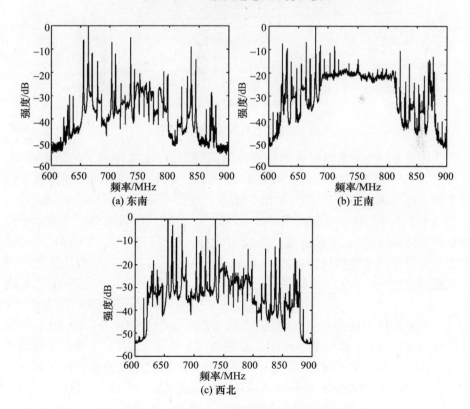

图 4-20 不同方位位置采集的回波信号频谱

下面我们将展示观测场景中的细节。在观测场景中央的东边是一个纪念广场。如图 4-21 所示,在广场上人为放置了两个三面角反射器(方框处)和三个圆柱反射器(圆圈处)。在数据录取过程中,四个人(虚线方框处)分别静止站立于人造目标南侧。人体目标由于对 P 波段信号反射能力较弱,在成像结果图 4-21(a)中很难被识别出,仅留下了背景扰动的痕迹。

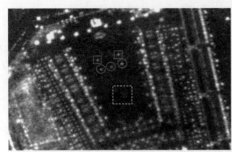

(a) 由CSAR系统获取的结果图　　(b) 由Google Earth获取的光学图像

(c) 系统工作时广场情景图

图 4-21　观测场景中的广场图

为检验 CSAR 对车辆目标的检测性能,我们在停车位停放了两辆小货车,车位三面有稀疏树木遮挡,如图 4-22(d)所示。此外,在空旷的广场停放了一辆小货车和一辆商务车(车型:本田奥德赛)。图 4-22(a)、(b)分别为 LSAR 与 CSAR 下停车场区域成像结果的放大图。从结果上看,在两种模式成像中裸露车辆目标易被检测,图像清晰。在 LSAR 中两目标呈现点状,而 CSAR 中两目标则具备较好的轮廓特征。在遮挡条件下,LSAR 中的车辆目标明显受到周围树木遮挡的影响,很难从背景中区分出来。而 CSAR 中的目标区分度明显强于 LSAR。

为验证所提方法的有效性,我们将基于 GPS 运动数据粗补偿的 BP 算法和所提方法所获取的成像结果进行对比,如图 4-23 所示。图 4-24 给出了场景中心花圃的放大图。可以看出,所提 CSAR 成像方法获取图像的聚焦性能更加优越,图中的八芒星状花圃小径和路边灯柱目标清晰可见。如图 4-25 所示,点目标(图 4-23 中方框处)的剖面对比图也可以证明所提算法具有更佳的聚焦性能。

第 4 章　CSAR 成像自聚焦算法研究

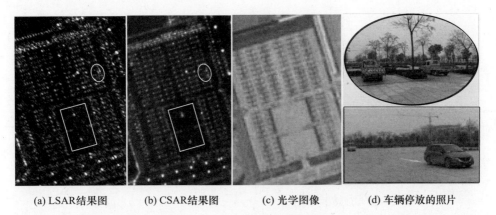

(a) LSAR结果图　　(b) CSAR结果图　　(c) 光学图像　　(d) 车辆停放的照片

图 4-22　观测区域中的停车场

(a) 采用BP算法　　　　　　　　　(b) 采用所提成像算法

图 4-23　不同方法下的 CSAR 成像结果场景中心放大图

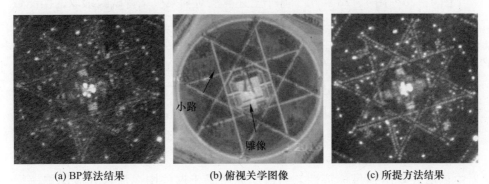

(a) BP算法结果　　　(b) 俯视光学图像　　　(c) 所提方法结果

图 4-24　中间花圃放大图

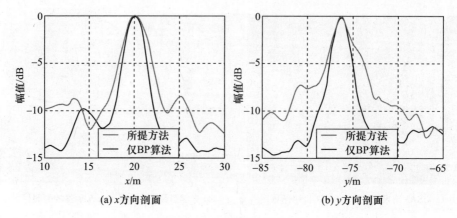

图4-25 点目标剖面图对比

2020年团队基于研制的双频段SAR系统,在陕西蒲城县南又进行了多个架次的飞行试验。双频段SAR系统具有Ku波段与L波段高低频收发模块,能同时对同一目标区域进行观测。其中Ku频段收发部分采用一发三收连续波体制;L频段收发部分则拥有分别为水平极化与垂直极化双天线结构,利用"乒乓"发射,能录取全极化数据。

试验完成的数据录取任务可分以下两类:

(1) 以观测静止地物目标为主的重航过数据录取任务,目标场景包括树林、城镇、小土丘等。该类任务数据将用于基于曲线轨迹SAR的高精度成像算法、三维成像、地物目标分类鉴别、曲线InSAR等技术研究。

(2) 以动目标观测为主的多通道数据录取任务,目标场景包括环形路口、T形路口、公园湖面。该类数据将用于基于曲线轨迹SAR的动目标识别跟踪、动目标重构、水面目标识别跟踪技术等研究之中。

图4-26~图4-28给出了基于上述算法对某架次飞行试验录取的实测数据处理结果。图4-26与图4-27都为同一场景对应的不同波段成像结果图。由于Ku波段天线波束窄于L波段,故成像场景相对较小,但是所能获取的图像分辨率远高于L波段。两图右侧都给出场景中的停车场成像结果与俯视光学图像对比,可见车辆轮廓清晰完整,具有较强的辨别性,可较容易区分图中的轿车、卡车等目标。图4-28为L波段大场景成像结果。图东北方停靠着一列运煤火车,其金属方形车厢的后向散射远强于其他地物目标,即使位于成像场景边缘,未能被偏离该方位的曲线孔径照射到,但在成像结果中依旧表现出强目标特性。后续团队将基于这些图像深入开展图像解译研究。

第4章 CSAR 成像自聚焦算法研究

(a) L波段(2.8km×2.8km)　　(b) Ku波段(1.2km×1.2km)　(c) 停车场区域局部放大图及对应现场光学图像

图 4-26　实测数据处理结果一

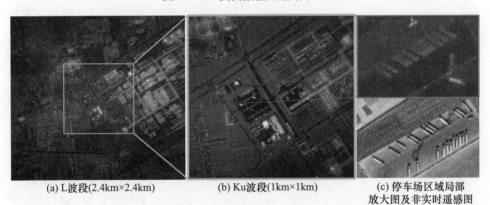

(a) L波段(2.4km×2.4km)　　(b) Ku波段(1km×1km)　　(c) 停车场区域局部放大图及非实时遥感图

图 4-27　实测数据处理结果二

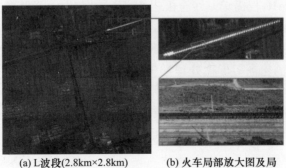

(a) L波段(2.8km×2.8km)　　(b) 火车局部放大图及局部车厢对应的光学图像

图 4-28　实测数据处理结果三

第5章

基于CSAR数据的目标检测与三维图像重构

当前,合成孔径雷达二维成像是 SAR 成像的主流,而具有三维成像能力的宽角度成像(如 CSAR 成像)因能提供额外高度维信息和多角度信息,而得到了广泛的关注,这种多维度信息的增加有利于自动目标识别或者层析图像匹配方面的研究[146]。然而,CSAR 虽理论上对目标具有三维成像能力,但仅仅是对于各向同性的全散射理想目标。实际成像场景中,自然目标有限的方位散射角度限制了 CSAR 的三维成像能力。目前利用 CSAR 进行被观测目标三维图像重构的主要方法是采用多基线 CSAR 成像(即全息成像 SAR)[147-149]。HoloSAR 成像虽然可以获取目标有高度分辨率的三维图像,但需录取、处理多基线数据,无论是时间还是硬件皆需极高成本,同时还存在成像算法复杂、处理效率低下等缺点。

美国空军研究实验室的学者 K. E. Dungan[150]提出了一种基于单基线全极化 CSAR 数据的车辆三维图像重构方法,该方法利用极化信息提取由车辆基本轮廓产生的偶反射属性散射中心,然后选取矩形框拟合来自偶反射的散射属性中心分布,进而重构车辆的三维图像。该方法虽然不具有完全高度向分辨率,但相较于 HoloSAR,仅需单基线全极化 CSAR 数据,大大降低了三维图像获取成本及算法复杂度,且在一定程度上提高了算法的处理效率。然而,该方法具有如下缺点:一是矩形框的选取是一个多维变量搜索过程,计算量大,影响了算法效率;二是将车辆轮廓矩形化处理损失了车辆轮廓本身的特征,不利于后续的车辆分类识别;三是尽管该方法不需多条基线 CSAR 数据,但却需多种极化 CSAR 数据,三维图像重构成本仍然较高,运算量较大。战场侦察监视对时效性提出了很高要求,因此如何既高效又低成本地获取目标的三维信息成为亟待解决的问题。

本章将围绕基于 CSAR 数据的三维图像重构展开研究。本章的研究内容如下:5.1 节为获取车辆目标图像区域,研究了车辆目标的检测问题,利用不同

第 5 章 基于 CSAR 数据的目标检测与三维图像重构

高度层的成像投影叠加,提出了一种高效率、高精度 CSAR 图像的车辆检测方法。5.2 节研究了车辆轮廓的属性散射中心分布特征,提出了一种基于单基线单极化 CSAR 数据的车辆目标三维图像重构方法。5.3 节利用仿真数据和实测数据验证了理论分析的正确性和所提算法的有效性。

5.1 基于 CSAR 数据的车辆目标检测

为实现基于 CSAR 成像的目标三维图像重构,需将感兴趣的目标从 SAR 图像中检测出来。SAR 图像目标检测一直是 SAR 自动目标识别(Automatic Target Recognition,ATR)领域中的一个热点问题。要对 SAR 图像中的目标进行识别、重构,首先需将目标从背景中分离出来,即从图像中提取感兴趣目标区域在复杂的 SAR 图像中如何将目标快速稳健地分割出来是目标识别中的关键。SAR 目标检测(目标区域分割)的研究虽层出不穷[151-156],然而绝大多数的研究将检测视为成像的后续处理,割裂了其与原始数据之间的联系,这样的处理方式就无法充分利用到 SAR 数据中所蕴含的丰富信息。相对传统 SAR 图像,CSAR 图像中的目标不仅轮廓更为完整,而且很好地抑制了背景相干斑,其所获取的目标全向散射特性,能有效提高目标检测性能。

本节将介绍 CSAR 图像基本特征,采用多高度平面成像融合的检测目标方法,解决了密集车辆检测中的车辆轮廓相互干扰问题,进而提出一种基于 CSAR 数据的车辆目标检测方法。

5.1.1 CSAR 图像中的高度层信息

CSAR 成像的最大优势是能对地物目标进行全方位的观测,因此所成图像能反映目标在各个方位角的后向散射信息。图 5-1 给出了车辆目标在不同方位角下的属性散射中心分布图,图中曲线表示天线位置,属性散射中心的不同颜色代表了其所获取的不同天线方位位置。可见一个典型的车辆目标在 CSAR 图像中的特征散射点的分布随着观测角度沿着轮廓变化。车辆属性散射中心的分布状态是提取车辆朝向、形状和位置等参数以及检测和识别车辆目标的重要依据。

对于相对独立的目标,提取相应散射点分布信息较为容易,但面对邻近的多目标任务时,就很难判断属性散射中心的归属。因此要对车辆进行多角度的信息提取,还需将其从场景中独立分割出来。3.3 节介绍了地形起伏误差会使目标投影在 SAR 图像中产生位置偏移。本章将利用这种偏移现象蕴含的信息,实现车辆目标的检测。

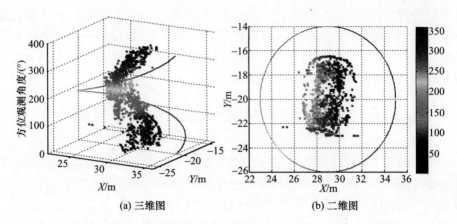

(a) 三维图　　　　　　　　　　(b) 二维图

图5-1　CSAR观测下车辆目标主散射点随观测方位角度的变化情况

由式(3-30)得,其在不同高度平面成像时(图5-2),点目标投影在距离向的偏移为

$$\Delta R_{\text{ground}} = \frac{\Delta h(2H + \Delta h)}{\sqrt{R^2 - H^2} + \sqrt{R^2 - (H+\Delta h)^2}} \quad (5-1)$$

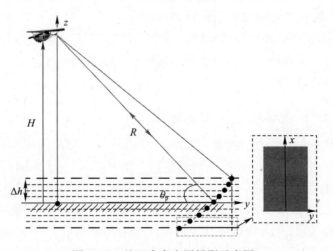

图5-2　基于多高度层投影示意图

由式(5-1)可见,ΔR_{ground}的数值符号与成像平面高度差 Δh 一致。而车辆目标在CSAR中的反射回波主要来自车侧面与地面形成的虚拟二面角,回波经成像处理,在CSAR图像中形成了类似矩形的属性散射中心分布。当成像平面高于目标实际位于的参考平面时,由于 ΔR_{ground} 为正,即投影往距离向偏移,对于矩形轮廓就表现为矩形四边收缩,如图5-3(a)所示;反之当 ΔR_{ground} 为负时则表现为矩形四边外移,如图5-3(c)所示。

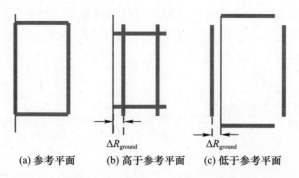

(a) 参考平面　　(b) 高于参考平面　　(c) 低于参考平面

图 5-3　不同高度成像平面下车辆的轮廓投影示意图

对于停放在平坦地面的车辆目标,其最强反射能量来自车侧边与地面形成的二面角反射。二面角反射具有方向性,其反射能量集中在垂直向,因此在不同高度平面成像中,能量反射形成的峰值轮廓边将沿着最大能量方向平移(即垂直于长边的方向)。CSAR 图像中的车辆目标图像主要由车辆两侧轮廓组成。以 Gotcha 实测数据中的一车辆为例,进行参考平面成像时(图 5-4(b)),图像两边相对于中心宽度为:$L_1 \approx L_2 = 0.63\mathrm{m}$;进行 $\Delta h = -0.5\mathrm{m}$ 成像时(图 5-4(a)),两边宽度为 $L_1 \approx L_2 = 1.16\mathrm{m}$,偏移约 0.53m,符合式(5-1)的计算结果,而图 5-4(c)由于两边相近融合成新的图像峰值。对于位于场景中心车辆目标,成像高度误差在各个方位角造成的投影偏移量是相同的,因此车辆中心在轮廓发生扩张或收缩下保持不变。对于位于非场景中心点的车辆目标,由于各个方位向位置的天线到目标的距离斜距不同,车辆轮廓四边的投影偏移量也不同。

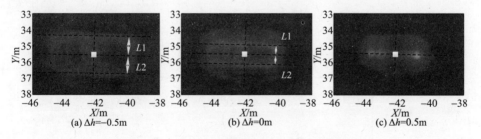

(a) $\Delta h = -0.5\mathrm{m}$　　(b) $\Delta h = 0\mathrm{m}$　　(c) $\Delta h = 0.5\mathrm{m}$

图 5-4　不同高度成像平面下的车辆轮廓图

图 5-5 给出了车辆几何中心偏移示意图,其中点 L_1 与 L_2 分别表示车辆两边的实际位置,两个灰色点表示不同高度层成像下车辆的中心,则车辆中心的偏移量为

$$\Delta R_{\mathrm{centra}} = (\Delta R_{\mathrm{ground}L_1} - \Delta R_{\mathrm{ground}L_2})/2 \qquad (5-2)$$

式中:$\Delta R_{\text{ground}L_1}$ 和 $\Delta R_{\text{ground}L_2}$ 分别表示在具有成像高度误差 Δh 时点 L_1 与 L_2 的投影偏移量。根据3.3.1节建立的场景中任意点目标在不同高度误差下的偏移模型,并由式(5-1)计算 $\Delta R_{\text{ground}L_1}$ 和 $\Delta R_{\text{ground}L_2}$,则场景的车辆中心的最大偏移量可表示为

$$\max \Delta R_{\text{centra}} \approx \frac{\Delta h \tan\theta_0}{2}\left[\max_{\varphi,\varphi_{\text{p}1}\in[-\pi,\pi]}\frac{1}{e^{j\varphi}-q_1 e^{j\varphi_{\text{p}1}}} - \min_{\varphi,\varphi_{\text{p}2}\in[-\pi,\pi]}\frac{1}{e^{j\varphi}-q_2 e^{j\varphi_{\text{p}2}}}\right]$$

$$= \frac{\Delta h \tan\theta_0}{2}\left[\frac{1}{1-q_1} - \frac{1}{1+q_2}\right]$$

$$= \frac{\Delta h \tan\theta_0}{2}\left[\frac{q_1+q_2}{(1-q_1)(1+q_2)}\right] \tag{5-3}$$

式中:q_1 与 q_2 分别表示点 L_1 与 L_2 偏离场景中心的半径比,其与车辆中心点偏离半径比 q 的关系为

$$q = \frac{q_1+q_2}{2} = \frac{1}{2}\frac{\|\boldsymbol{p}\|+\frac{L}{2}+\|\boldsymbol{p}\|-\frac{L}{2}}{\|\boldsymbol{r}_v\|} \tag{5-4}$$

式中:L 表示点 L_1 与 L_2 之间的距离,即为车辆的车长或车宽。对于机载或者星载CSAR,观测地距远大于车辆长或宽,即有 $\|\boldsymbol{r}_v\| \gg L$,故可视为 $q_1 \approx q_2 \approx q$。式(5-3)可简化为

$$\max \Delta R_{\text{centra}} \approx \Delta h \tan\theta_0 \frac{q}{1-q^2} \tag{5-5}$$

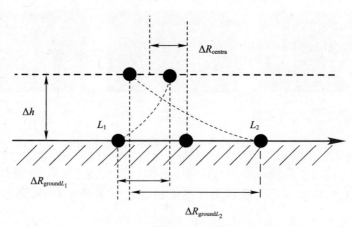

图5-5 车辆中心偏移示意图

由式(5-5)可见，最大中心偏移与 Δh、$\tan\theta_0$ 成正比，同时由于偏离半径比 $q \in [0,1)$，式(5-5)中的 $\dfrac{q}{1-q^2}$ 在该区间表现为单调递增函数，最大中心偏移也与 q 成正比。图5-6给出了在单位高度误差下，投影的中心偏移误差在不同偏离半径比 q 和俯视角 θ_0 下的仿真结果。对于 q 值大的点，其边缘位置处的车辆中心偏移值也就越大。如在 Gotcha 实测数据的 CSAR 几何参数下，以 1m 高度误差成像时，场景中车辆目标中心最大偏移量为 $\max\Delta R_{\text{centra}} \approx 1 \times 1 \dfrac{60/7090}{1-(60/7090)^2} \approx 0.0085(\text{m})$。此误差相对于该数据的分辨率在可忽略范围内。

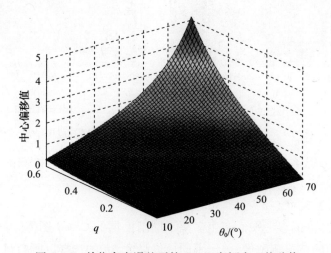

图 5-6　单位高度误差下的 CSAR 车辆中心偏移值

5.1.2　基于 CSAR 数据的车辆目标检测方法

由 5.1.1 节车辆中心偏移分析可知，在一定场景范围内，车辆目标中心在不同高度平面的 CSAR 成像结果产生的偏移可以忽略不计。图像中车辆目标中心在这些 CSAR 图像叠加后也不发生改变。就此，我们提出一种车辆目标检测方法。该方法将多高度平面 CSAR 成像的结果融合后，再进行目标检测，保证目标位置不变的前提下，能通过图像融合使车辆目标的能量更加集中，避免因高度误差导致的密集车辆轮廓间的干扰问题。如图 5-7 所示，其中图(a)~图(c)表示以某一高度平面成像的一排车辆目标成像结果。可见由于存在高度误差，车辆轮廓发生收缩或者扩大现象，导致相邻车辆的轮廓相互干扰，区分度低。经过图(a)~图(c)相融合得到的图(d)中的车辆目标的能量更加集中，因此容易被分割开。

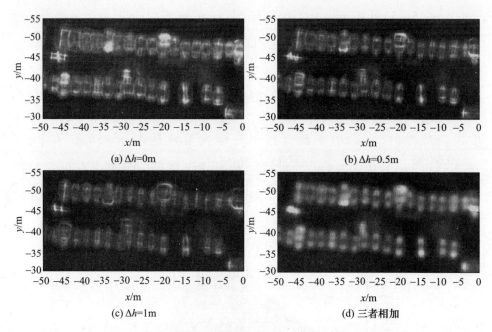

图 5-7　不同高度参考平面下 Gotcha 数据局部成像结果

鉴于以上思路,提出的基于 CSAR 多高度层图像融合再检测的车辆目标检测方法(图 5-8),主要分为以下三步:

1. 图像生成

以不同高度的参考平面产生多幅不同高度层的 CSAR 图像,并将其非相干累加,得到新的待检测图像,关于不同成像高度 Δh 的选择以所给目标位置高度参考信息(如 DEM 数据提供的高程信息)为准。结合成像几何参数,为避免图像的过散焦,所选取的 Δh 要满足目标轮廓偏移量小于半车宽,即 $\Delta R_{groundL} < L/2$。

2. 特征区域检测

将融合后的图像转换为灰度图,采用最大极值稳定区域(Maximally Stable Extremal Regions,MSER)特征子算法[157]对其进行检测,得到最大稳定极值区域集。

3. 区域分类筛选

提取获得的最大稳定极值区域中与车辆目标的面积相近的区域,将中心距离小于车辆长度的区域进行合并,合并后的区域中心,即为车辆目标的检测结果。

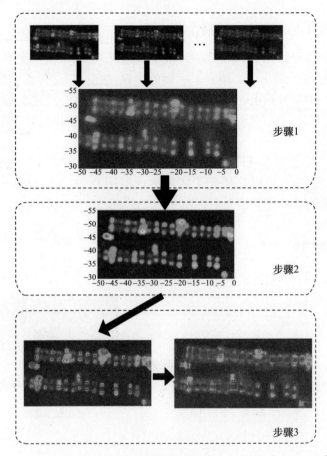

图 5-8 车辆目标检测方法框图

5.2 基于 CSAR 成像的目标三维图像重构

将形状较为规则的车辆、建筑等视为具有先验几何信息的目标。利用先验信息,可以有效减少三维成像的所需数据。本节利用非相干成像的连续性,获取车辆完整平滑轮廓,然后剥离图像中车辆目标的外轮廓散射中心,再利用"顶底平移"效应的几何投影关系,获取车辆目标轮廓的高度信息。该方法仅用到了水平极化(Horizontal - Horizontal,HH)极化数据,减小了车辆三维图像重构成本,而且方法中未涉及车辆轮廓矩形化,减小了计算量,保留了车辆基本轮廓的形状信息。与传统多极化信息进行目标三维图像重构不同,所提方法仅基于单极化单基线圆周回波数据便实现了目标的三维图像重构,因此具有效率高、成本低等独特优点。

5.2.1 车辆目标散射特性模型与分析

根据电磁理论,复杂目标的高频回波响应可视为多个标准散射体的属性散射中心之和[158]。属性散射中心蕴含了目标的位置、幅度、极化等相关信息,能较好地描述目标在 SAR 数据上的散射特性[159]。本小节将主要研究车辆电磁反射模型中不同反射回波生成的属性散射中心在 CSAR 几何构型下的分布特征。

1. 奇反射

车辆反射的主要电磁回波可分为单反射和偶反射,如图 5-9 所示。其中单反射是指经过一次反射就回到天线处的电磁回波,主要由车辆棱角提供,这些具有高度维信息的车辆棱角(如车顶棱等)可组成车辆立体轮廓。

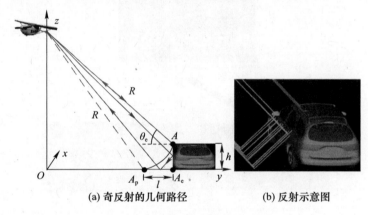

(a) 奇反射的几何路径 (b) 反射示意图

图 5-9 "顶底平移"计算示意图

如图 5-9(a) 所示,当以平面 x-y 为成像平面时,高度为 h 的点 A,将投影至 A_p 处。这种由聚焦高度产生的投影位置偏移,称为"顶底平移"效应(Layover Effect)。若已知平移距离为 l,且远小于天线相位中心到目标的斜距时,即 $l \ll R$ (远场条件下),点 A 的高度为

$$h \approx l \cot\theta_e \tag{5-6}$$

当 $l \ll R$ 不成立时(即近场条件下),要获取点 A 的高度信息,则需以下参数信息:点 A 到天线相位中心的地距 L,成像平面与天线的垂直距离 H 和平移距离 l。由图 5-10 所示的几何关系有

$$\begin{cases} h = H - H_1 \\ H_1 = R \cdot \sin\theta_{el} \\ \theta_{el} = \operatorname{acos}(R_g/R) \\ R = \sqrt{(R_g - l)^2 + H^2} \end{cases} \tag{5-7}$$

则可计算点 A 高度为

$$h = H - \sqrt{(R_g - l)^2 + H^2} \cdot \sin[\arccos(R_g / \sqrt{(R_g - l)^2 + H^2})] \quad (5-8)$$

根据不同的实验条件和重构精度要求,对式(5.6)与式(5.8)进行选取。

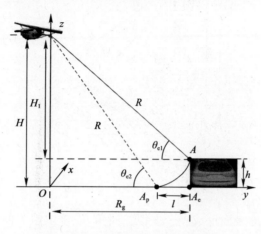

图 5-10 近场条件下的顶底平移

2. 偶反射

当用几何光学理论来描述雷达散射时,物体表面可视为由许多小面元组成,并假定雷达回波仅由取向与雷达垂直的小面元产生(只有对后向散射的垂直取向,反射波才会返回到接收天线处)[160]。若考虑在一定波长内一定大小尺寸小面元的实际反射方向图[161]和考虑波长对确定有效小面元数目的影响[162],小面元实际上在各个方向上均有散射,而非只是出现在反射角等于入射角的方向上。因此偶反射路径可假设由三个部分组成,如图 5-11 所示分别记为 R_1、R_2 和 R_3。电磁波的偶反射历程如图 5-11 所示:入射波经过去程 R_1,到达至车上高度为 Δh 的某一散射中心时,第一次反射 R_2 与镜面反射角之间具有一个散射角 $\Delta\theta$,R_2 沿散射角 $\Delta\theta$ 方向与地面产生第二次反射 R_3 后,返回接收天线。其中 R_2 和 R_3 并不是唯一路径,随散射角 $\Delta\theta$ 变化,如图 5-11 中阴影区域所示。基于上述偶反射几何路径模型,可得

$$\begin{cases} \theta_e = \arctan[(H - \Delta h)/R_g] \\ R_1 = \sqrt{(H - \Delta h)^2 + R_g^2} \\ R_2 = \Delta h / \sin(\theta_e + \Delta\theta) \\ L = \Delta h / \tan(\theta_e + \Delta\theta) \\ R_3 = \sqrt{(R_g - L)^2 + H^2} \end{cases} \quad (5-9)$$

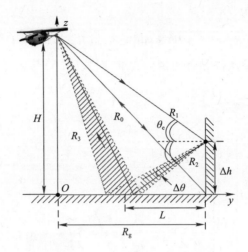

图 5-11　偶反射的几何路径

车辆侧面和平地表面形成一个虚拟二面角,设该虚拟二面角与雷达天线相位中心双程斜距为 $2R_0$,且有

$$R_0 = \sqrt{R_g^2 + H^2} \qquad (5-10)$$

则偶反射回波历程与 $2R_0$ 之间的差值为

$$\Delta R = (R_1 + R_2 + R_3) - 2R_0 \qquad (5-11)$$

当成像几何确定时,该差值 ΔR 由 Δh 与 $\Delta \theta$ 确定。参考 Gotcha 中的成像几何和相关系统参数,可得该差值随 Δh 和 $\Delta \theta$ 变化的情况如图 5-12 所示。

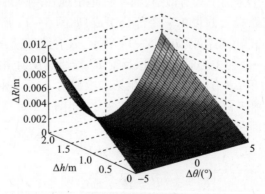

图 5-12　不同 Δh 和 $\Delta \theta$ 下的差值变化情况

从图中可见,最大的 ΔR 约为 0.011m,而常见的车辆高度小于 2m,故可忽略 ΔR,即有 $(R_1 + R_2 + R_3) \approx 2R_0$。因此这些偶反射能量的投影可视为沿着地面和车辆侧面的交界分布,即车辆基本轮廓分布。虽然偶反射经过了不同介质面

二次反射,但由于其反射面较大,所以反射回波的能量相当可观。需注意的是,若地面为草皮等反射能力差或易产生漫反射的介质面,则偶反射将比较弱,导致其难以被探测。

图 5-13 给出了不同成像处理方法下获取的车辆 CSAR 成像结果,观察图中的相干成像处理结果可发现,在车轮廓附近分布着偶反射形成的离散属性散射中心,而单反射则由于"顶底平移"效应,在车辆基线外形成一圈外轮廓。文献[150]所提基于多极化单轨数据提出的车辆重构方法,通过极化信息提取由车辆基本轮廓产生的偶反射属性散射中心,然后选取矩形框去拟合这些散射属性中心类矩形分布。一方面,对矩形框的选取是一个多维变量的搜索过程,增加了计算量;另一方面,车辆轮廓矩形化的处理也弱化了车辆轮廓本身的特征,不利于车辆的检测识别处理。非相干处理相对于相干处理,可视为图像的多视成像,具有降低图像噪声的作用,从而有利于车辆轮廓的提取(如图 5-13(b)所示)。在非相干处理下,车辆的轮廓表现为平滑的峰值,因此只需提取其峰值曲线,即可获得车辆轮廓信息。

 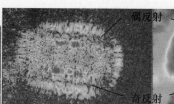 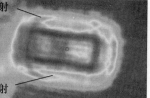

(a) 车辆照片　　　　(b) 相干成像　　　　(c) 非相干成像

图 5-13　基于 Gotcha 实测数据的车辆 CSAR 成像

3. 极化方式选择

常见的全极化 SAR 系统所获得数据有以下四种极化方式:①天线发射和接收均为水平向的水平极化(HH);②天线发射和接收均为垂直向的垂直极化(Vertical - Vertical,VV);③天线发射水平、接收垂直的水平 - 垂直极化(Horizontal - Vertical,HV);④天线发射垂直、接收水平的垂直 - 水平极化(Vertical - Horizontal,VH)。目标的能量反射在不同的极化方式下表现不尽相同,并非所有极化方式的车辆成像结果可以提供清晰的车辆轮廓。

以二面角反射器目标为例[163],其散射矩阵常用表达式为

$$[S] = k_0 ab/\pi \begin{pmatrix} 1 & 0 \\ 0 & -1 \end{pmatrix} \quad (5-12)$$

式中:k_0 为中心波数;a 与 b 分别表示二面角反射器的短半轴和长半轴。由式(5-12)的散射矩阵可得如下结论。

(1) 当二面角被一个纯粹的水平极化或者垂直极化雷达信号照射时,反射能量中没有交叉极化分量产生,即 HV = VH = 0;

(2) 水平和垂直的后向散射截面积完全相同;

(3) 水平和垂直共极化分量呈反相。

由式(5-12)可得其协方差矩阵为

$$[C] = |k_0 ab/\pi|^2 \begin{pmatrix} 1 & 0 & 0 & -1 \\ 0 & 0 & 0 & 0 \\ 0 & 0 & 0 & 0 \\ -1 & 0 & 0 & 1 \end{pmatrix} \quad (5-13)$$

和 Stokes 散射矩阵为

$$[M] = \frac{1}{2}|k_0 ab/\pi|^2 \begin{pmatrix} 1 & 0 & 0 & 0 \\ 0 & 1 & 0 & 0 \\ 0 & 0 & -1 & 0 \\ 0 & 0 & 0 & -1 \end{pmatrix} \quad (5-14)$$

在共极化和交叉极化下,所接收到的来自二面角反射能量在共极化下的计算结果为

$$P_{\text{co-polarization}} = \frac{k_0^2 a^2 b^2}{\pi^2}\{1 + \cos^2 2\psi \cos^2 2\chi - \sin^2 2\psi \cos^2 2\chi + \sin^2 2\chi\}$$

$$= \frac{k_0^2 a^2 b^2}{\pi^2}\{1 + \cos^2 2\psi \cos 4\chi + \sin^2 2\chi\} \quad (5-15)$$

同理,在交叉极化下的计算结果为

$$P_{\text{cross-polarization}} = \frac{k_0^2 a^2 b^2}{\pi^2}\{1 - \cos^2 2\psi \cos^2 2\chi + \sin^2 2\psi \cos^2 2\chi - \sin^2 2\chi\}$$

$$= \frac{k_0^2 a^2 b^2}{\pi^2}\{1 - \cos^2 2\psi \cos 4\chi - \sin^2 2\chi\} \quad (5-16)$$

式中:$\psi(0 \leq \psi \leq \pi)$ 为椭圆极化的定向角;$\chi(-\pi/4 \leq \chi \leq \pi/4)$ 为椭圆化角。由式(5-16)可知,基于该极化模型,在线极化(即 $\chi = 0$)或者圆极化时(即 $\chi = \pm\pi/4$)时,共极化可取得最大值。而共极化的最小值则出现在当 $\psi = \pi/4$ 或 $3\pi/4$ 的线极化时。与之相反,交叉极化的最大值出现在共极化的最小值处,而

交叉极化最小值出现在共极化的最大值处。从中可得,当所接收的电磁波的极化方式与发射天线相平行时,可以获得最大观测值。因此在 HH 和 VV 极化的 CSAR 数据中,二面角反射能量较大。图 5-14 给出了不同极化下的车辆成像结果,可见在 HH 和 VV 极化下,图像中的车辆轮廓较为清晰,适合用于车辆轮廓特征的提取。

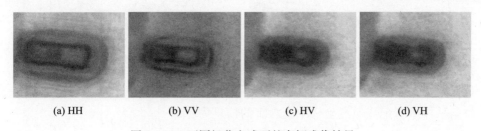

(a) HH (b) VV (c) HV (d) VH

图 5-14 不同极化方式下的车辆成像结果

5.2.2 车辆目标的三维图像重构方法

本节将详细阐述所提基于单基线单极化 CSAR 数据的车辆三维图像重构方法。

1. 车辆的轮廓提取

为获取三维图像,首先要提取车辆的轮廓,再提取单反射中含有的高度信息。车辆轮廓提取方法具体可分为如下四步。

步骤1:生成非相干处理 CSAR 车辆图像。将完整的 360° 全孔径数据分成每 1° 不重叠的子孔径,结合 DEM 数据分别采用快速时域成像算法,得到子图像,将其进行非相干累加,得到待处理车辆的 CSAR 非相干图像。如图 5-13(c)所示,能量峰值处为偶次反射形成的车辆轮廓。

步骤2:转换图像至极坐标系下。为方便提取轮廓曲线,将车辆图像从笛卡儿坐标系插值至极坐标系 $\{\varphi,\rho\}$,使车辆轮廓由二维闭合的曲线变为一维曲线,从而更易进行轮廓提取及后续的曲线处理,如图 5-15(a)所示。

步骤3:提取轮廓曲线。在极坐标图像中提取每一个方位角度对应的峰值轮廓点。对于相对完整的轮廓可直接取幅度最大值为轮廓点。若由于遮掩、噪声干扰等因素导致轮廓不完整,可在极坐标下对轮廓点进行平滑拟合等处理。在本章的实验中采取最小均方拟合,对实测数据中初步的不完整轮廓进行拟合。

步骤4:将图像变换回笛卡儿坐标系。最后将提取的轮廓点坐标从极坐标变换回至笛卡儿坐标,如图 5-15(b)所示。将组成车辆轮廓的离散点坐标表示为 $\{\Lambda_n, n=1,2,\cdots,N\}$,其中轮廓点个数 N 取决于插值至极坐标时选取的方

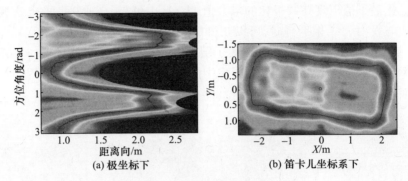

(a) 极坐标下　　(b) 笛卡儿坐标系下

图 5-15　轮廓提取结果

位角采样率。记离散点坐标中所含有的信息为

$$\Lambda_n = [\varphi_n, \rho_n, x_n, y_n] \tag{5-17}$$

式中：φ_n 和 ρ_n 分别表示第 n 个轮廓点对应的极坐标方位角和距离长度；x_n, y_n 为该点在笛卡儿坐标系中的坐标。其中笛卡儿和极坐标系相互的变换关系为

$$\begin{bmatrix} x_n \\ y_n \end{bmatrix} = \begin{bmatrix} \rho_n \cos\varphi_n \\ \rho_n \sin\varphi_n \end{bmatrix} \Leftrightarrow \begin{bmatrix} \rho_n \\ \varphi_n \end{bmatrix} = \begin{bmatrix} \sqrt{x_n^2 + y_n^2} \\ \arctan y_n / x_n \end{bmatrix} \tag{5-18}$$

2. 车辆参数估计

通过提取的车辆轮廓信息，可获得车辆的朝向、车长、宽度等几何特征参数，有助于车辆的分类处理。为获取车辆朝向，参考 Hough 变换[164]提取图像中线目标的原理，提取轮廓蕴含的直线方位（斜率）信息。与提取完整二值图像中的直线不同，本章只需对轮廓 $\{\Lambda_\varphi\}$ 中的 xy 坐标数据进行 Hough 变换，将点映射到直线集合中，所采取的变换式为

$$\gamma = -x_n \sin\phi + y_n \cos\phi \tag{5-19}$$

根据该方程，对于任意一组 (γ, ϕ) 都对应一条直线，ϕ 为直线对应方位角且范围为 $\phi \in \left[-\dfrac{\pi}{2}, \dfrac{\pi}{2} \right]$，而另一参数 $\gamma \in \left[-\dfrac{\sqrt{2}M}{2}, \dfrac{\sqrt{2}M}{2} \right]$，其中 M 为图像宽度。Hough 变换结果如图 5-16 所示，图中峰值处两 "×" 为车辆两长边对应的直线参数，因此可取两峰值方位角均值 $\varphi_c = (\phi_1 + \phi_2)/2$ 作为整个车辆的方向。

计算车辆中心沿 φ_c 方向与轮廓的交点，可由下式得

$$n_{\text{inter}} = \min_n \{ |\varphi_n - \varphi_c| \} \tag{5-20}$$

其中对应的点 n_{inter} 即为某方向的交点，从中可得过车辆中心沿车身朝向和垂直

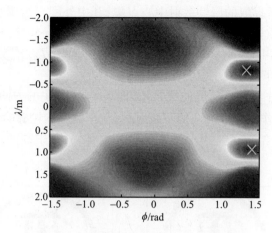

图 5-16　车辆轮廓对应的 Hough 变换结果

于该朝向的直线所对应的交点,通过交点间的距离即可求得车辆的长宽参数,如图 5-17 所示。

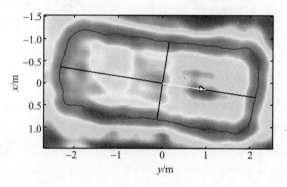

图 5-17　车辆轮廓和长宽计算结果

3. 提取车辆三维信息

为获取具有三维信息的车顶轮廓,需提取来自奇反射的属性散射中心。首先从各个方向的子孔径图像中,获取散射属性中心点集,记为 $\{P_j\}$,$j=1$,$2,\cdots,M$。

$$P_j = [x_j, y_j, \nu_j, \varphi_j^{\text{sub}}] \quad (5-21)$$

式中:φ_j^{sub} 表示该点所对应子图像的孔径中心方位角;ν_j 为属性中心点幅值信息。本节采用"角-点"检测法提取各个子图像的属性散射中心。可采用其他提取方法提高属性散射中心提取的精度,但将带来额外的计算量。可根据实际需求,选择合适的散射中心提取方法。

图 5-18 为所提取的属性散射中心点集，其中外圈点为源自奇反射的属性散射中心点。为重构车辆三维轮廓，需对点集 $\{P_j\}$ 进行分类，从中找出属于偶反射的属性散射中心点。记来自奇反射的点集为 $\{P_{j,\text{Odd}}\}$，判断 $\{P_j\}$ 属于 $\{P_{j,\text{Odd}}\}$ 需符合以下两个条件：

(1) P_j 位于车辆基本轮廓曲线之外(图 5-18(b) 中的内曲线)；

(2) 过 P_j 点作沿 φ_j^{sub} 方向的一条射线，与车辆基本轮廓曲线有交点。

图 5-18(b) 给出了基于上述条件的分类结果，其中圆圈点即为判别所获得的 $\{P_{j,\text{Odd}}\}$。

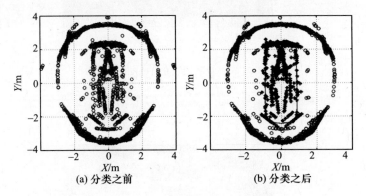

(a) 分类之前　　　　　(b) 分类之后

图 5-18　从子图像中提取的峰值点集

由前面分析可知，由奇反射可提取出含有高度信息的车顶轮廓。而车顶轮廓通常小于车辆基本轮廓，投影至二维平面如图 5-19 所示(其中外曲线表示车辆基本轮廓投影，内曲线表示车辆车顶轮廓的投影)。已有研究[150]中给出车辆基本轮廓与车顶轮廓之间的参数模型：$X_1 = 0.32$；$X_2 = 0.02$。基于参数模型所获得的车辆几何参数(长宽高)与真实值相比，误差均方值最小。为方便后续的实验比较，本节也采取该参数模型。

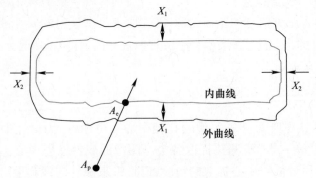

图 5-19　车辆轮廓二维平面图

点 A_p 和 A_e 在图 5-19 与图 5-9 中具有相同含义。其中 A_e 为位于车顶轮廓的点 A 在 $x-y$ 平面的投影,同时也为经过 A_p 沿电磁入射方向与车顶轮廓投影的交点。由式(5-20)可得交点二维坐标,即点 A_e 坐标。再根据对应的电磁波入射方位角,通过式(5-6)或式(5-8)可求得点 A 的高度信息。

为获取车顶轮廓点的三维位置,将 $\{P_{j,\text{Odd}}\}$ 中每一点视为点 A_p 分别计算其在车顶轮廓上的位置。根据反射能量 v_j,选取适当的点数,用以描述车辆的三维结构。

本节采用统计点概率密度峰值的方法对车辆高度进行估计,求得估计的高度结果 $\hat{h}$。首先计算得到属性散射中心点的三维高度的概率密度分布,设定阈值,取 z 值最高的一个显著峰值作为车的估计高度值 $\hat{h}$。如图 5-20 所示,该车高度估计值为 1.645m。

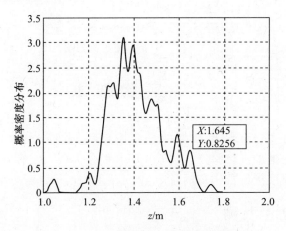

图 5-20 车顶高度信息的概率密度分布

4. 三维图像重构总流程图

基于以上分析,完整的算法流程图如图 5-21 所示。首先,采用能结合 DEM 数据和相位误差补偿的快速时域成像方法对回波数据进行处理,获得一系列由车辆目标检测方法所确定待重构目标的二维子图像。然后,一方面对子图像进行非相干叠加,从非相干图像中提取车辆目标基本轮廓,并从中估计车辆的长宽等几何参数;另一方面从子图像中提取属性散射中心,并依据所获得的车辆基本轮廓,从中挑选出由奇反射产生落于外轮廓的属性散射中心点;接着,根据"顶底平移"模型,计算出奇反射属性散射中心的三维位置;最后,综合获取的基本轮廓和外轮廓信息对车辆的三维图像进行重构。

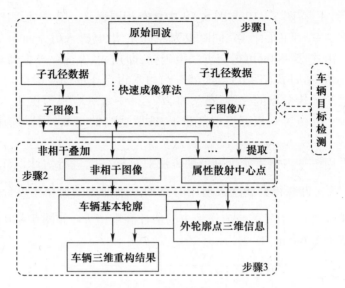

图 5-21 3D 图像重构流程图

5.3 实验结果

为证明所提基于 CSAR 数据的三维图像重构方法的有效性,我们通过 Gotcha 实测数据处理进行验证。数据处理流程分为两大步骤:①利用所提车辆目标检测方法提取出待重构车辆目标;②对待重构目标进行三维图像重构。

5.3.1 车辆目标检测

Gotcha 数据的观测区域为一个停车场,停车场上有几排密集摆放的民用车辆。局部密集车辆检测结果如图 5-22 所示,圆圈表示所检测车辆目标。单幅 CSAR 图像由于信息量有限;很难从如此复杂的场景中有效分割出车辆目标,特别是 DEM 数据存在误差,使得成像中邻近的车轮廓相互干扰,弱化了车辆目标的反射能量,难以用常规的检测分割方法将其分割,如图 5-22(a)所示。采取所提方法后,检测结果如图 5-22(b)所示,能有效分割出密集排列的车辆目标。图 5-23 给出了完整场景的车辆目标检测效果,实测数据处理结果表明对于具有全方位完整散射信息的车辆,所提方法可进行良好的检测分割,而对位于场景边缘的车辆,由于散射信息不完整,容易产生漏检。

在图 5-23 的检测结果中,还存在以下问题:

(1) 靠近车辆的其他金属物体,容易对车辆检测产生干扰。如图 5-24 中的金属电线杆,虽然其反射面小,具有近全向散射特性,全圆周成像时,该目标

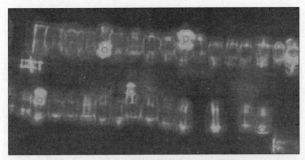

(a) 单幅CSAR图像

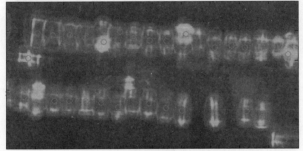

(b) 多层图像

图 5-22 单幅 CSAR 图像检测与多层图像融合检测结果对比

图 5-23 车辆目标的检测结果

能量积累使其能量高于车辆目标的车辆轮廓,因此当车辆靠近该类物体时,轮廓成像结果易受到干扰。

(2) 皮卡车具有大面积敞开的后箱,形成了金属内角反射器,其后向散射能力强于正常车辆,易造成误检。

基于 CSAR 数据的目标检测,应该充分利用其数据所蕴含的信息,根据不同检测需求进行成像。除本章所提的不同高度层成像外,还可以根据检测应用的需求,进行不同尺度、不同空间的成像。

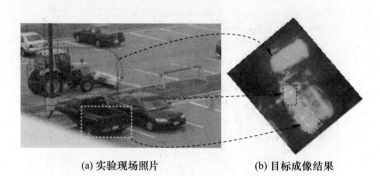

(a) 实验现场照片　　　　　(b) 目标成像结果

图 5-24　Gotcha 停车场局部图

5.3.2　车辆三维图像重构实验结果

我们将采用两项实验来证明所提车辆三维重构处理方法的有效性。一是对 CVDome[165] 电磁仿真数据中十种不同车辆的回波数据进行三维重构工作。二是根据 Gotcha[166] 实测试验停放在停车场中的车辆进行三维重构。

1. 电磁仿真数据的车辆三维重构

CVDome 数据集成了俯仰角从 30°~60°的 4 组不同俯仰角仿真数据。已有研究显示[167],俯仰角越大"顶底平移"也就越大,越容易区分奇反射与偶反射所产生的属性散射中心。为体现算法的有效性,本节选择重构难度较高的俯仰角为 30°的 HH 极化数据进行车辆的三维重构。该数据中的其他系统参数如表 5-1 所示。

表 5-1　CVDome 数据主要参数

参数	参数值
载频	9.6GHz
信号带宽	5.35GHz
最大不模糊距离	15m
俯仰角	30°

以仿真数据中的车辆 Camry 的处理为例,为获取较平滑的轮廓曲线,采用 1°子孔径非相干图像提取车辆外轮廓,结果如图 5-25 所示。图 5-26 给出了

该辆车的模型和三维重构结果。由于电磁仿真数据无外界干扰,且所用信号带宽极宽,分辨率高,经本方法重构后车辆三维轮廓清晰,与原模型相似度极高。

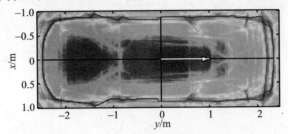

图 5-25 Camry 基本轮廓提取结果

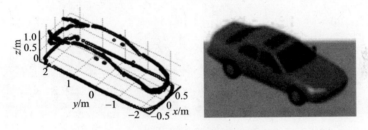

图 5-26 Camry 三维图像重构图和模型对比

图 5-27 展示了其他 9 种车辆的模型和利用本方法下的重构结果。结果表明,基于该车辆的三维重构图结果,可对小型轿车、运动型多功能车(Sports Utility Vehicle,SUV)和皮卡车等不同类型车辆进行较好的区分。此外,也可有效分辨出尺寸相似、车型不同(如两厢、三厢等)的车辆,如 Honda Civic 4、Mitsubishi、Sentra 等轿车与 Toyota Avalon 的重构结果具有明显的区别,可以准确地辨别。表 5.2 给出了本方法所提取的车辆长宽高与真实的车辆长宽高的对比,两参数非常接近。

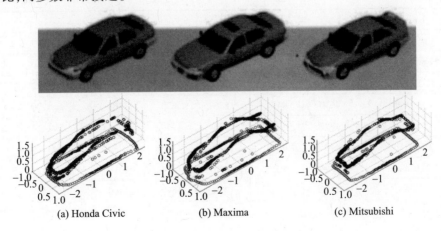

(a) Honda Civic　　　　(b) Maxima　　　　(c) Mitsubishi

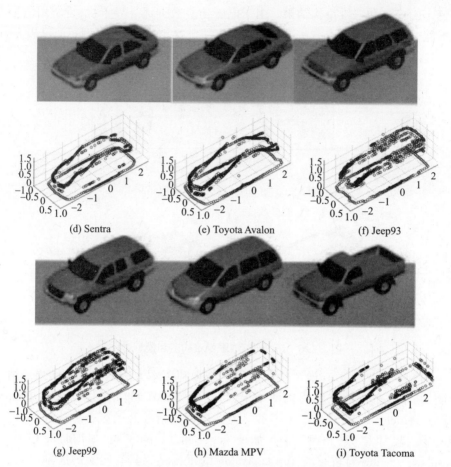

图 5-27　CVDome 数据所用车辆仿真模型(上排)和重构结果(下排)

表 5-2　车辆模型几何尺寸与所提方法估计结果对比　（单位：mm）

车辆品牌	l	$\hat{l}$	w	$\hat{w}$	h	$\hat{h}$
Camry	4750	4799	1740	1750	1410	1467
Honda Civic 4	4520	4575	1755	1676	1450	1440
Jeep93	4409	4351	1755	1800	1636	1722
Jeep99	4610	4474	1826	1825	1763	1730
Maxima	4897	4902	1859	1759	1435	1413
Mazda MPV	4460	4449	1830	1800	1730	1739
Mitsubishi	4390	4075	1690	1674	1310	1425
Sentra	4450	4342	1770	1699	1440	1411

续表

车辆品牌	l	$\hat{l}$	w	$\hat{w}$	h	$\hat{h}$
Toyota Avalon	4875	4800	1790	1750	1460	1461
Toyota Tacoma	5285	5249	1895	1651	1780	1678
均方差	$\mu_{|\Delta l|}=84.8$		$\mu_{|\Delta w|}=63.6$		$\mu_{|\Delta h|}=46.4$	

注：l,w,h 表示车辆的实际长宽高，$\hat{l},\hat{w},\hat{h}$ 为对应的估计值。

2. 基于实测数据的车辆三维重构

实测数据中的停车场具有 ±0.3m 范围内的地形起伏，停放了多种不同类型的车辆，如图 5-28 所示。若忽略地形起伏，会导致车顶轮廓点高程信息的计算误差，不能得到良好的重构结果。这里直接采用数据文档中提供的车辆DEM 数据，只关心其中的重构问题。采用数据中的 Pass1 数据 HH 极化进行车辆三维图像重构算法的验证。同样先将数据分割成孔径积累角为 1°的子孔径数据，进行成像处理。不同于仿真数据的是，还需从子图像场景中分割出待重构车辆目标图像。车辆检测分割方法参照 5.1.2 节所提方法。

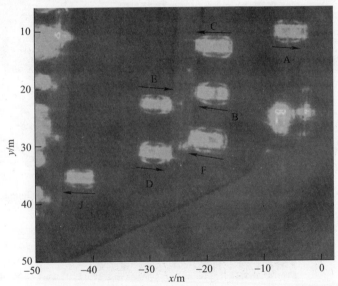

图 5-28　Gotcha 公开数据中停车场成像结果图。其中箭头表示车头朝向

图 5-29 给出了停车场车辆实景照片和采用所提方法进行三维重构的效果图。可发现，本章方法能够较好地重构车辆的三维图像，依据重构图像较好地实现对不同类型车辆的区分辨别。相应地，表 5-3 中给出了车辆实际大小参数和采用不同方法获得的估计结果。由表中可发现，相比已有利用全极化 CSAR 数据获得的估计结果[165]，本章所提方法不仅用单基线数据，而且估计得

出的车辆几何参数值更加接近于真实值,从而证明了所提方法的有效性。

表 5-3 车辆的真实尺寸及不同方法获取的估计结果　　　单位:mm

车辆品牌	l	$\hat{l}$	$\hat{l}^*$	w	$\hat{w}$	$\hat{w}^*$	h	$\hat{h}$	$\hat{h}^*$
Camry	4840	4814	4530	1760	1616	1940	1430	1433	1430
HondaCivic4	4750	4710	5020	1740	1711	1920	1410	1332	1430
Jeep93	4900	4873	4840	1774	1737	1790	1470	1482	1480
Jeep99	4790	4834	4970	1760	1687	1820	1410	1371	1361
Maxima	4450	4208	4100	1710	1610	1480	1440	1459	1520
Mazda MPV	4450	4517	4670	1770	1771	2300	1670	1684	1550
Mitsubishi	4410	4226	4170	1540	1447	1500	1360	1339	1380
均方差	$\mu_{|\Delta l|}=90$			$\mu_{|\Delta w|}=68.1$			$\mu^*_{|\Delta w|}=176.6$		
	$\mu^*_{|\Delta l|}=232.9$			$\mu_{|\Delta h|}=26.6$			$\mu^*_{|\Delta h|}=42.7$		

注:"*"为文献[165]中给出的估计值。

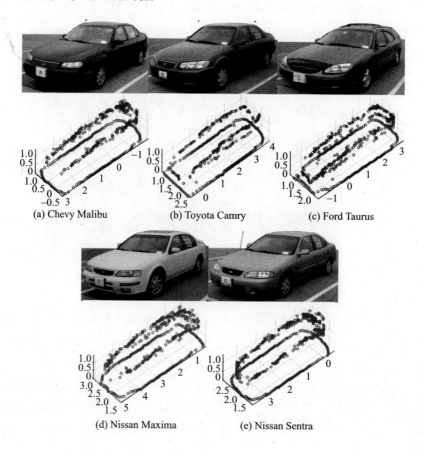

(a) Chevy Malibu　　(b) Toyota Camry　　(c) Ford Taurus

(d) Nissan Maxima　　(e) Nissan Sentra

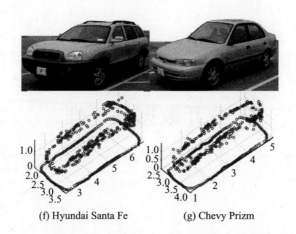

图 5-29 数据中车辆照片(上排)和三维图像重构结果(下排)

  与电磁仿真数据的三维重构结果相比,实测数据重构的车辆轮廓有些不完整,特别是当停放车辆的部分位于或靠近草坪区域时,由于二次反射较弱,影响了车辆相应部分轮廓提取的完整性。此外,在实测数据中存在噪声干扰,导致有效属性散射中心较少,在一定程度上影响三维重构图像的细节信息。在未来的研究中,我们将对车辆停放在草坪等弱散射介质下的三维图像重构问题展开深入分析,提高此种情况下的重构精度,进一步拓展所提方法的应用范围。

第6章 公开数据集处理

在 SAR 研究领域,尤其是成像算法验证方面,各个单位以本单位录取的实测数据为主,原因在于各单位的算法都多少带有针对性,以处理自研系统录取的数据为目的。同时由于数据的宝贵以及涉密等因素,很少平台能够提供公开的数据集,做统一的算法性能比较。在 CSAR 领域,美国的 AFRL 在其官网上公开了名为"Gotcha Volumetric SAR Data Set,Version 1.0"的机载 CSAR 实测数据以及民用车辆电磁仿真数据集,可供研究者下载研究。目前国内外学者在研究 CSAR 成像处理中,也多用了这两组数据集。本章将着重介绍这两组数据及其基本处理方法,以供参考。

6.1 电磁仿真数据集

6.1.1 数据简介

美国 AFRL 于 2010 年批准公开了一套基于 X 波段的民用车辆模拟电磁散射数据集——Civlilian Vehicle Radar Data Domes(CVDomes)。数据集包含了十种民用车辆模型,通过高频段电磁仿真,获取车辆目标在远场单站静态观测几何下全极化散射数据,观测范围包括了 360°的方位角以及 30°~60°仰角。本节将介绍 CVDomes 数据集、使用方法以及相关示例图像。

CVDomes 数据集电磁仿真所用的信号为 X 波段,带宽为 5.35GHz,观测覆盖 360°方位角和 30°~60°的仰角,电磁仿真示意图如图 6-1 所示。

数据集中包含车辆 CAD 模型所对应的具体车辆型号与类型如表 6-1 所

第6章 公开数据集处理

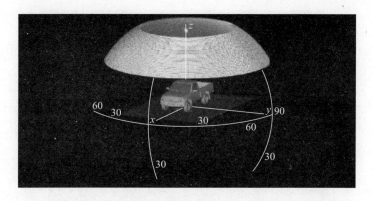

图 6-1 电磁仿真单站散射所用的仰角和方位角的示意图[165]

示,共有十种常见车辆,类型包括轿车、SUV、皮卡三类。

表 6-1 CVDome 数据主要参数

车辆	类型
Toyota Camry	轿车
Honda Civic 4	轿车
1993 Jeep	SUV
1999 Jeep	SUV
Nissan Maxima	轿车
Mazda MPV	SUV
Mitsubishi	轿车
Nissan Sentra	轿车
Toyota Avalon	轿车
Toyota Tacoma	皮卡

测量数据中的观测回波主要以来自地面和目标的二次散射为主。因此,在建立散射场模型时,不仅要建立正确的车辆模型的散射特性,同时也要对地面散射进行准确建模。图 6-2 为福特 Taurus Wagon CAD 模型散射示意图,回波主要来自地面和车辆的虚拟二面角形成的二次散射以及来自车顶的一次散射。

数据采用高频电磁(EM)仿真模拟计算车辆在单站静态散射下的电磁散射,所用仿真参数如表 6-2 所示。

图6-2 基于Taurus Wagon CAD模型的回波示意图

表6-2 高频单站远场电磁仿真参数

参数	数值
中心载频	9.6GHz
模糊距离	≈15m
外推范围	<0.25°
方位角范围	360°
仰角范围	30°~60°
光速	299792458m/s

(1) 照射波束:单次仿真照射波束宽度为 $\delta = 0.5°$,并在方位角和仰角的一个小扇区局部使用点散射近似值外插值 ±0.25° 的单站散射场。选取 ±0.25° 外插是基于工程判断,可以使散射保真度(与 CAD 精度相对应的水平)与仿真计算效率之间达到平衡。在这种情况下,外插值可以节省大约 75:1 的执行时间。因此,每个扇区是一个方位角和仰角采样的 $0.5° × 0.5°$ 区域,其单站静态散射可从单次射线追踪中近似得出。这些扇形细分视域,保持角度采样不变,相邻扇形恰好在边界上的一个点重叠。可通过平均这些边界点来减小插值导致的差异。

(2) 角度采样:仿真选择一个奇数整数 K 以产生大约 15m 的不模糊范围。以 9.6GHz 的中心频率进行计算,则有

$$\frac{c/2}{2f_c \sin(\Delta\theta/2)} \approx 15m \Rightarrow \frac{1}{16.7}(°) \quad (6-1)$$

因此,对于 0.5°宽的扇区,有

$$\frac{0.5}{K-1} \approx \frac{1°}{16.7} \Rightarrow K \approx \frac{16.7}{2} + 1 = 9.35° \qquad (6-2)$$

其中 K 是外推样本的数量。对于约 15m 明确范围和半度扇区,若选择 $K=9$,则所得的角度采样步长 $=0.5/(9-1) = 1/16 = 0.0625°$,不模糊范围为 14.314m。

(3) 频率采样:选择带宽和频率点的数量,以使下采样空间频率与中心频率处的方位 f_y 频率采样相匹配;这种选择有助于在斜平面成像:

$$\Delta f_y = 2f_c \sin(\Delta\theta/2) = 2 \cdot 9600 \sin\left(\frac{1}{16} \frac{1}{2} \frac{\pi}{180}\right)$$

$$= 10.47197499276902 \text{MHz} \qquad (6-3)$$

选择频点个数 $N = 512$(511 段),得到带宽

$$\text{BW} = 511\Delta f_y = 5.351179221304969 \text{GHz} \qquad (6-4)$$

计算可得距离向分辨率为

$$\frac{c/2}{\text{BW}} \approx 2.8012 \text{cm} = 1.1028 \text{in} \qquad (6-5)$$

数据集中每个车辆的整个部分数据球包含 86400 个数据文件(保存了输入和输出文件)。每个输出文件包含 HH、HV 和 VV 线极化三种极化方式下的车辆目标回波数据,每个频点采样记录了复值散射系数。512 个频率采样范围覆盖了以 9.6GHz 为中心的大约 5.35GHz 带宽。输出文件中包含了 60 组不同仰角的观测数据,每组数据都提供了完整的 720 方位角扇区 [0.25:0.50:359.75],[30.25:0.50:59.75]。不过目前可公开下载的数据只提供了在仰角 [30 40 50 60] 四组数据。

数据文件以 MATLAB 的".mat"数据形式储存,每条数据按仰角分类,其文件命名格式为 [车辆类型]_el[仰角度数].mat。例如,CamryGnd_el30.0000.mat 为 30°仰角下 Toyota Camry 的电磁散射 360°复数据存储的 mat 文件。数据集包含以 10°为间隔的 30~60°的高程。每个文件都包含一个名为 data 的结构变量,其中具体变量定义如下:

data.azim 是方位角的向量,以度为单位;

data.hh、data.vv、data.hv 分别为 HH、VV 与 HV 极化下的相位历程复数据矩阵;

data.elev 是仰角,以度为单位;

FGHz 是频率向量,以 GHz 为单位。

数据由空军研究实验室的 SDMS 分发,完整数据下载网址为 https://www.sdms.afrl.af.mil/main.php。

6.1.2 例程解读

数据集中附带了基于 BP 成像处理的 MATLAB 例程,包括一个主程序和一个程序子程序,如下所示:

(1) formImageCVDomes.m:为主程序。

```
%------------------
clear all;close all;clc    % 清空变量
basePath = 'D:\Civilian_Vehicle_SampleSet';   % 设置数据集文件路径
% 定义输入参数
target = 'ToyotaTacoma';     % 所处理数据的车辆名称
elev = 40;                   % 所处理的仰角度数
pol = 'VH';                  % 所处理的极化方式(HH,HV,VV)
minaz = 0;                   % 起始方位角(°)
maxaz = 360;                 % 终止方位角(°)
taper_flag = 0;              % 是否加 hamming 窗处理,0 为否,1 为是
% 定义生成图像参数
data.Wx = 10;                % 场景 x 向长度(m)
data.Wy = 10;                % 场景 y 向长度(m)
data.Nfft = 8192;            % FFT 所用点数
data.Nx = 501;               % x 向采样点数
data.Ny = 501;               % y 向采样点数
data.x0 = 0;                 % x 向场景中心坐标(m)
data.y0 = 0;                 % y 向场景中心坐标(m)
dyn_range = 70;              % 显示动态范围(dB)
% 读取数据路径设置
datadir = sprintf('% s% sDomes% s% s',basePath,filesep,filesep,target);
fname = sprintf('% s% s% s_el% 6.4f.mat',datadir,filesep,target,elev);
% 读取数据
newdata = load(fname);
% 提取所需方位角的回波数据的索引号
I = find(and(newdata.data.azim > = minaz,newdata.data.azim < = maxaz));
% 提取所需出来的相位历程数据
switch pol
    case{'HH'}       % HH 极化
        data.phdata = newdata.data.hh(:,I);
    case{'VV'}       % VV 极化
        data.phdata = newdata.data.vv(:,I);
```

```
        case{'HV'}      % HV 极化
            data.phdata = newdata.data.hv(:,I);
end
% 更新成像需要的其他变量
data.AntAzim = newdata.data.azim(I);
data.AntElev = newdata.data.elev * ones(size(data.AntAzim));
data.freq = newdata.data.FGHz * 1e9;
data.minF = min(data.freq) * ones(size(data.AntAzim));
% 计算频率向量采样间隔(Hz)
data.deltaF = diff(data.freq(1:2));
% 获取回波数以及距离向采样点数
[data.K,data.Np] = size(data.phdata);
% 距离向加 hamming 窗
if taper_flag
    data.phdata = data.phdata .* (hamming(data.K) * hamming(data.Np)');
end
% 设置成像网格点
data.x_vec = linspace(data.x0 - data.Wx/2,data.x0 + data.Wx/2,data.Nx);
data.y_vec = linspace(data.y0 - data.Wy/2,data.y0 + data.Wy/2,data.Ny);
[data.x_mat,data.y_mat] = meshgrid(data.x_vec,data.y_vec);
data.z_mat = zeros(size(data.x_mat));
% 调用 BP 成像子函数进行成像处理
data = bpBasicFarField_modified(data);
% 显示成像结果
figure
imagesc(data.x_vec,data.y_vec,20 * log10(abs(data.im_final)./…
    max(max(abs(data.im_final)))),[-dyn_range 0])
colormap gray
axis xy image;
set(gca,'XTick',-5:5,'YTick',-5:5);
h = xlabel('x(m)');
set(h,'FontSize',14,'FontWeight','Bold');
h = ylabel('y(m)');
set(h,'FontSize',14,'FontWeight','Bold');
colorbar
set(gca,'FontSize',14,'FontWeight','Bold');
%-----------------------
```

(2) bpBasicFarField. m:BP 算法成像函数。

```
function data = bpBasicFarField(data)
% 设定处理时所采用光速(m/s)
c = 299792458;
% 获得所处理的相位历程数据的尺寸
data.K = size(data.phdata,1);    % 距离向采样点数
data.Np = size(data.phdata,2);% 方位向采样点数
% 获取需处理的数据方位角向量(rad)
data.AntAz = sort(data.AntAzim * pi/180);
% 获取方位角采样间隔(rad)
data.deltaAz = abs(mean(diff(data.AntAz)));
% 获取需处理的数据方位角大小(rad)
data.totalAz = max(data.AntAz) - min(data.AntAz);
% 获取最大波长(m)
data.maxLambda = c/(mean(data.minF) + data.deltaF * data.K);
% 获取根据数据所能得到的图像最大尺寸(m)
data.maxWr = c/(2 * data.deltaF);
data.maxWx = data.maxLambda/(2 * data.deltaAz);
% 计算图像分辨率(m)
data.dr = c/(2 * data.deltaF * data.K);
data.dx = data.maxLambda/(2 * data.totalAz);
% 输出显示最大场景尺寸以及分辨率
fprintf('Maximum Scene Size:   %.2f m range,%.2f m cross - range \n',...
    data.maxWr,data.maxWx);
fprintf('Resolution:   %.2fm range,%.2f m cross - range \n', data.dr,...
    data.dx);
% 计算距离轴投影映射向量(m)
data.r_vec = linspace( - data.Nfft/2, data.Nfft/2 - 1, data.Nfft ) *...
    data.maxWr/data.Nfft;
% GPU 计算
r_revGPU = gpuArray(data.r_vec);
% 初始化成像存储
im_final = gpuArray(zeros(size(data.x_mat)));
RC = fftshift(ifft(data.phdata,data.Nfft,1),1);
RCGPU = gpuArray(RC);
x_matGPU = gpuArray(data.x_mat);
y_matGPU = gpuArray(data.y_mat);
z_matGPU = gpuArray(data.z_mat);
```

```
AntElevGPU = gpuArray(data.AntElev);
AntElevGPU = AntElevGPU * pi/180;
AntAzimGPU = gpuArray(data.AntAzim);
AntAzimGPU = AntAzimGPU * pi/180;
minFGPU = gpuArray(data.minF);
r_vecGPU = gpuArray(data.r_vec);
% 设置进度条以及计时器(sec)
hh = waitbar(0,'wait');
% Loop through every pulse
tic
for ii = 1:data.Np
  tic
  rcGUP = RCGPU(:,ii);
  dRGUP = x_matGPU * cos(AntElevGPU(ii)) * cos(AntAzimGPU(ii)) + …
    y_matGPU * cos(AntElevGPU(ii)) * sin(AntAzimGPU(ii)) + …
    z_matGPU * sin(AntElevGPU(ii));
  % 计算相位补偿矩阵
  phCorr = exp(1i * 4 * pi * minFGPU(ii)/c * dRGUP);
  % 获得所需的投影点
  I = find(and(dRGUP > min(r_vecGPU),dRGUP < max(r_vecGPU)));
  % 更新每一条距离线投影
  im_final(I) = im_final(I) + interp1(r_revGPU,rcGUP,dRGUP(I),'linear').*
phCorr(I);
  t(ii) = toc;
  if mod(ii,600) = = 0
    t_sofar = sum(t(1:(ii-1)));
    t_est = (t_sofar * data.Np/(ii-1) - t_sofar);
    stringhh = ['remaining seconds:'num2str(t_est)];
    waitbar(ii/data.Np,hh,stringhh);
  end
end
data.im_final = gather(im_final);
close(hh);
return
```

6.1.3 处理结果与分析

鉴于拥有360°方位向以及30°~60°的仰角向的目标观测数据,因此可根据研究需要从中抽取各种角度和方位分辨率生成图像。此外,该数据库提供了以

9.6GHz 为中心的 5GHz 以上的带宽,可实现高达约 2.8cm 的距离分辨率。

如图 6-3 所示,每个图像都是采用快速 BP 算法生成的,所处理的数据仰角为 45°,对 Camry 的左侧和背面进行成像。发射信号中心频率为 9.6GHz 时,波长 $\lambda = c/(9.6 \times 10^9) \approx 0.03\text{m}$。因此,可获得的理论距离和方位分辨率为

$$\rho_{y'} = \frac{c}{2\text{BW}}, \quad \rho_{x'} = \frac{\lambda}{2\Delta\theta'} \quad (6-6)$$

式中:x' 和 y' 分别为相对雷达方向的距离向及方位向。

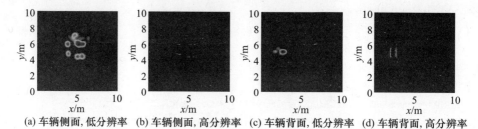

(a) 车辆侧面,低分辨率　(b) 车辆侧面,高分辨率　(c) 车辆背面,低分辨率　(d) 车辆背面,高分辨率

图 6-3　采用二维 BP 成像获取的车辆 Camry 子孔径成像结果

图 6-3(a) 为 Camry 侧面的成像结果,所用的带宽为 640MHz,孔径积累角为 4°,理论分辨率约为 0.21m × 0.23m。当采用 5GHz 带宽、孔径积累角为 30°时,图像分辨率可高达 0.03m × 0.03m,如图 6-3(b) 所示,可见车辆侧边变得更细窄。同样,图 6-3(c) 和 (d) 展示的分别为低、高分辨率下 Camry 车背的成像结果。

通过组合来自不同方位向的车辆多个子图像,可以获得车辆更为完整的轮廓。图 6-4 给出了相干加法生成的四个幅值图像。各个子图像所采用的仰角为 45°,为相对于车辆的不同方位角的成像结果。如果将车辆放置在 CSAR 场景的中心,如图 6-4(a) 所示,则所获低分辨率和高分辨率的合成图像如图 6-4(c) 和 (d) 所示。其中对于子孔径积累角为 4°的低分辨率图像,其子孔径图像具有 2 度重叠孔径,这样对于全圆周场景则共有 180 张子图像。同样,对于子孔径积累角为 30°的高分辨率图像,以 15°为重叠孔径,总共 24 张子图像。

该组数据还可生成目标偏离场景中心的全孔径图像,设置偏移位置为飞行轨迹半径的 $q = 0.4$ 倍,如图 6-4(b) 所示。图 6-4(e) 和 (f) 为低分辨率和高分辨率中心偏移 CSAR 图像,其中每个子孔径图像所对应的仰角都不一样,仰角可根据从飞行路径到车辆位置的几何形状计算确定。图 6-4(c)~(d) 显示了 SAR 图像中民用车辆的典型特征。CSAR 车辆具有散射形成的内外环。内环由车辆与地面形成的二面角反射形成,而外环则由电磁波从车顶线返回的奇反射构成。当车辆位于平坦的地面上时,具有高度特征的车顶更加靠近雷达系

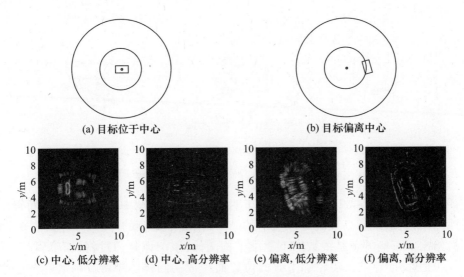

图6-4 在完整圆周合成孔径雷达场景中,Camry位于场景中心(a)以及中心偏移(b)下的成像结果

统,因此在二维图像显示也更为靠近雷达;同时对于目标偏离中的情况,当车辆最靠近雷达时仰角接近60°,而远离雷达时仰角为30°,所以在偏移图像(图6-4(b))中会产生较大形变。

另一种对于CVDomes数据集进行可视化的方法是对车辆散射中心进行提取。与图6-4一样,首先采用快速投影算法将数据处理为一系列子孔径图像,以幅值图像中的局部峰值为散射中心,并为其标识位置、振幅、极化、方位角和仰角等信息。最后,利用极化分割奇偶属性散射中心,根据内外轮廓几何关系,反演车辆三维结构。

属性散射中心的应用如图6-5所示,该图显示了三张Camry的属性散射中心提取结果,所采用数据的带宽为640MHz,子孔径积累角为5°以及观测仰角为45°。图6-5(a)z轴为方位角,该图显示属性散射中心随方位角变化的情况,以x轴正方向为方位0°角,并用深色点标识,当方位角逆时针增加时,点将以较浅的颜色显示,其中车辆的前缘会随着方位角的增加而形成螺旋状。

接下来,采用一个二进制属性来标识属性散射中心从两种极化图像中提取出峰值点的方式:偶反射或奇反射。CVDomes数据集包含HH和VV水平同极化和垂直同极化的相位历程。奇反射图像是HH+VV,而偶反射图像是HH-VV。图6-5(b)显示了Camry所有属性散射中心的(x,y)坐标系下的分布情况,暗色点代表偶反射属性散射中心,亮色点代表奇反射属性散射中心。构成

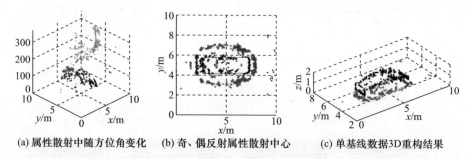

(a) 属性散射中随方位角变化　　(b) 奇、偶反射属性散射中心　　(c) 单基线数据3D重构结果

图6-5　基于Camry的属性散射中心提取结果

内环的偶反射属性散射中心形成了车辆底部的形状,图中以矩形标识,而奇反射散射点则是具有高程的车顶反射的结果,构成了车辆的外环。最后,图6-5(c)给出了车辆的单基线数据下三维重构图像,该图像是通过将具有高程奇反射点的上反推导到车辆轮廓上方的位置而生成。同样图中奇反射属性散射中心以暗色点显示,而偶反射属性散射中心以亮色点显示。

在远场条件下,通过不同高度多通道的数据可提供三维空间谱数据,可在图像域中提供分辨率的高度维信息,并且无须利用车辆结构的先验知识。可以使用直接三维傅里叶反演方法进行图像三维重建。在实际应用场景中,使用直接傅里叶反演方法可能由于飞行基线不够,难以形成足够高分辨率的图像。由于雷达图像通常由少量大幅度散射中心组成,故可以利用这个稀疏特性实现图像锐化。稀疏重建算法通过使用散射中心稀疏度的先验知识,同时对大量的小型散射中心进行约束。稀疏重构算法就是解决如下优化问题:

$$\hat{x} = \arg\min_{x} \{ \| y - Ax \|_2^2 + \lambda \| x \|_p^p \} \quad (6-7)$$

该模型已经应用于各种不同构型的雷达图像处理中。在式(6-7)稀疏优化问题中,测得的相位历程为y,所需重建的图像是$\hat{x}$,A是傅里叶算子,p范数为$\| \cdot \|_p^p = \sum_{k=1}^{K} |x_k|^p, 0 < p < 1$,$\lambda$为稀疏加权参数。

多基线三维图像由覆盖整个360°圆周孔径,子孔径角为5°、不重叠的72个子图像构成;每个子孔径都包含所有基线,覆盖了[30°,60°]仰角范围,所用信号载频中心为9.6GHz,带宽为640MHz。使用最近邻插值法将数值插值到矩形网格,以方便FFT实现。每个子孔径图像的分辨率为0.038m×0.038m×0.038m。最终融合图像是所有子孔径图像取最大幅值的非相干组合。

图6-6与图6-7为分别用VV和HV极化数据多基线三维成像结果。图像显示处理中,去除了比最大幅度点低30dB的重建点,采取该处理是为了使得Camry的结构更加清晰。如图6-6所示,在VV极化图像中可以看到Camry的结构。但是在HV极化下中看不到这种车辆结构,在该种极化方式下,Camry的

后部结构呈现强烈的散射特征,压制了其他结构的散射能量,因此在绘制的动态范围内看不到任何其他结构。

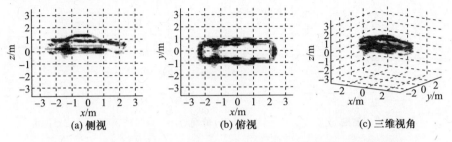

图 6-6　基于直接傅里叶反演的 VV 极化 Camry 多基线三维成像结果

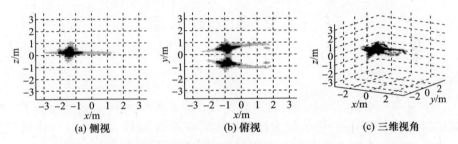

图 6-7　采取直接傅里叶反演的 HV 极化 Camry 多基线三维成像结果

如图 6-6 所示,当使用方位积累角为 5°、仰角基线范围为 30°时,采取直接傅里叶反演能够生成良好的三维重建图像。但当所拥有的数据基线较为稀疏时,采取稀疏重建的方法相对于直接傅里叶反演而言,能获取更好的三维成像效果。图 6-8 和图 6-9 分别给出了 VV 和 HV 通道的稀疏重建的三维图像结构。图像处理所采用的稀疏参数 $\lambda = 10, p = 1$。稀疏性参数根据视觉图像质量进行定性的选择。图像显示中进行了将低于 50dB 的所有重建点丢弃的处理。

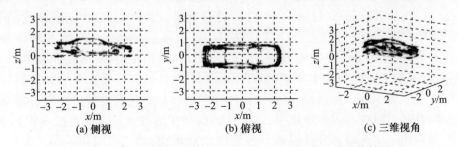

图 6-8　基于稀疏重构的 VV 极化 Camry 多基线三维成像结果

由图像结果可见,稀疏的重建图像中的 Camry 特征更为明显,如在 VV 图像中,车顶轮廓清晰,可以看到车辆后视镜,而采用傅里叶方法则难以观察到这个特征。尽管在 HV 图像的俯视图中可以看到 Camry 的结构,但其三维重建效果还是不如 VV 图像。

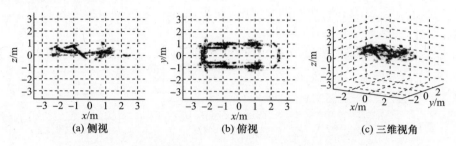

图 6-9　基于稀疏重构的 HV 极化 Camry 多基线三维成像结果

6.2　Gotcha 数据

6.2.1　数据简介

本节将介绍由美国空军研究实验室公开发布的 Gotcha 数据以及基于该数据的挑战性研究问题,数据集为针对城市环境中 X 波段合成孔径雷达观测数据。数据的观测场景是由众多民用车辆和校准目标组成的目标场景。雷达平台以 CSAR 模式运行,并完成了 8 条高度不同圆形飞行路径。公开数据中包含了回波的相位历程、辅助数据、处理算法、处理后的图像以及地面真实海拔数据。数据处理难点集中在减轻点扩展函数的旁瓣。由于仰角孔径上数据有限,呈现稀疏特性,采用传统的成像处理会引入过多的旁瓣。挑战内容还包括通过单基线数据获取高分辨率三维 SAR 图像以及可应用于三维 SAR 自动目标识别的特征提取。这组 Gotcha CSAR 数据集为科研人员开发用于高分辨率二维/三维成像的新算法提供了宝贵的 X 波段 CSAR 数据。

在 CSAR 数据采集过程中,飞机围绕固定的场景中心,以恒定的高度沿着圆周轨迹飞行,同时雷达系统照射目标场景,收集从地面辐射到飞机的回波。由于具有完整的全方位观测数据,因此根据目标的相位历程,可以获取其三维信息。观测场景中布置了 9 辆私家车辆、1 辆牵引车和 1 辆叉车等载具目标。此外,还布置了一个由顶帽、众多二面体和三面体目标组成的校准阵列,可用于成像校正。当然,在实际应用中,难以获得这些校准数据。在典型的 SAR 应用中,图像由于平台轨迹测量误差导致的成像散焦,有必要采用基于回波数据的自聚焦技术。因此,首要任务是通过回波数据分析完成雷达数据的校准以及自聚焦成像。

数据集采用对单个固定强点目标进行相干校准。由于场景中的顶帽目标较大,其回波在各个方位向较为显著,这使其成为基于单强点目标相干校准算法的理想目标。但由于顶帽响应的位置随方位角变化,因此还需要算法进行针对性修改。在 SAR 图像中,顶帽的响应特征出现在垂直板和水平板的相交处。由于圆柱体的半径为 1m,因此回波在径向方向上距顶帽中心有 1m 的偏移。

完整的公开发布数据集,称为"GotchaVolumetric SAR Data, Veersion 1.0",由带宽为 640MHz 的 X 波段全极化 CSAR 的相位历程数据组成,包含 8 条不同仰角的基线。成像场景包括许多民用车辆和校准目标。图 6-10 显示了具有 360°全孔径单基线的停车场和校准目标阵列区域的二维 CSAR 数据图像。图 6-11 为实地拍摄的停车场区域光学照片,其他做了地面高程测量的车辆编号以及光学照片可见图 5-29。

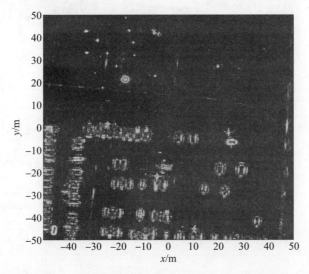

图 6-10　单基线 360°圆周孔径对目标区域的成像结果

图 6-11　目标区域的光学照片

图 6-12 为场景中布置的一辆民用车辆(福特 Taurus Wagon),图 6-13 为其所对应的三维成像图像,该结果采用了 8 条基线的 360°全孔径数据,从图中可见处理所得图像具有较大的旁瓣。数据中给出的校准目标如图 6-14 所示,为一个大尺寸顶帽反射器。校准区目标布置如图 6-15 所示,该区域具备的反

射器有大顶帽、等边三面角反射器、矩形二面角反射器和方形二面角反射器等。表6-3给出了所布置的角反射器具体的三维坐标以及朝向。表6-4给出了停车场区域摆放的民用车辆、叉车、铲车、灯柱等各类的目标三维坐标、朝向等信息。表6-5列出车辆的长、宽、高等几何信息。

图6-12 目标C——福特Taurus Wagon光学照片

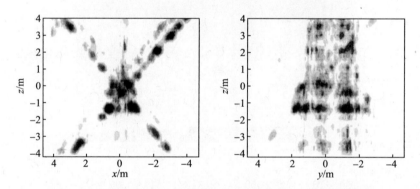

图6-13 采用8条基线数据对福特车辆的三维全角度成像结果

图6-14 顶帽反射器照片

该数据集以MATLAB二进制格式（*.mat文件）存储。每个文件都包含针对单基线和单极化在一个方位角上收集的相位历程数据。进行8个航过的数

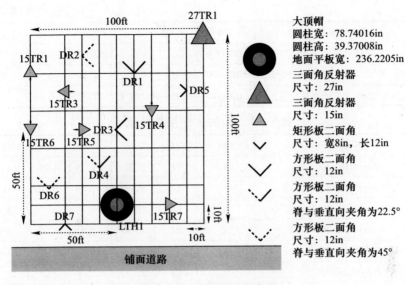

图6-15 目标摆放示意图

据录取,每条基线包含4个极化,文件总数为11520(360×8×4)。文件依据编号、极化和方位角进行命名。例如文件"data_3dsar_pass1_az001_HH.mat"为HH极化、基线1,方位角为0~1°的观测回波数据。加载文件后,将提供一个名为"data"的MATLAB结构体,该结构体包含回波复数据,频率,天线x、y、z坐标位置,各个方位的参考斜距,方位角(°)和仰角(°)。此外,还为HH和VV极化提供了一种简单的自动聚焦解决方案。

表6-3 角反射器目标摆放情况

校准目标	ID#	点位	X/m	Y/m	Z/m	朝向/(°)
15英寸三面角反射器	15TR-01	C	-32.14	42.54	-0.53	180
15英寸三面角反射器	15TR-03	C	-28.09	38.67	-0.42	90
15英寸三面角反射器	15TR-04	C	-13.86	37.70	-0.05	0
15英寸三面角反射器	15TR-05	C	-24.39	32.96	-0.33	270
15英寸三面角反射器	15TR-06	C	-32.50	33.41	-0.57	0
15英寸三面角反射器	15TR-07	C	-5.12	22.98	-0.05	270
27英寸三面角反射器	27TR-01	C	-7.51	51.47	-0.09	180
宽12英寸长12英寸二面角反射器	DR-01	C	-15.55	42.96	-0.13	0
宽12英寸长12英寸二面角反射器	DR-02	C	-26.16	45.64	-0.43	90
宽12英寸长12英寸二面角反射器	DR-03	C	-18.58	33.53	-0.18	90
宽12英寸长12英寸二面角反射器	DR-04	C	-20.88	27.10	-0.23	0

校准目标	ID#	点位	X/m	Y/m	Z/m	朝向/(°)
宽8英寸长12英寸二面角反射器	DR-05	C	-13.24	32.09	-0.09	270
宽12英寸长12英寸二面角反射器	DR-06	C	-29.27	24.48	-0.48	0
宽8英寸长12英寸二面角反射器	DR-07	C	-26.15	17.50	-0.44	180

表6-4 车辆目标摆放情况

车辆	ID#	点位	X/m	Y/m	Z/m	朝向/(°)
ChevyMalibuLF	A	LF	9.25	-2.79	0.05	3.41
ChevyMalibuLR	A	LR	8.96	-7.55	-0.03	3.41
ChevyMalibuRR	A	RR	10.70	-7.68	-0.01	3.41
ChevyMalibuRF	A	RF	10.97	-2.91	0.06	3.41
ChevyMalibuCC	A	C	9.97	-5.22	0.02	3.41
ToyotaCamryLF	B	LF	21.42	-21.14	0.03	182.80
ToyotaCamryLR	B	LR	21.65	-16.40	0.03	182.80
ToyotaCamryRR	B	RR	19.92	-16.31	0.01	182.80
ToyotaCamryRF	B	RF	19.63	-21.11	0.02	182.80
ToyotaCamryCC	B	C	20.66	-18.71	0.02	182.80
FordTaurusWagLF	C	LF	13.11	-20.68	-0.05	185.04
FordTaurusWagLR	C	LR	13.55	-15.72	-0.04	185.04
FordTaurusWagRR	C	RR	11.69	-15.58	-0.05	185.04
FordTaurusWagRF	C	RF	11.35	-20.60	-0.07	185.04
FordTaurusWagCC	C	C	12.43	-18.21	-0.05	185.04
CASEtractorLF	C1	LF	2.15	-16.33	-0.16	97.83
CASEtractorLR	C1	LR	-2.61	-16.28	-0.21	97.83
CASEtractorRR	C1	RR	-2.89	-18.19	-0.18	97.83
CASEtractorRF	C1	RF	1.66	-19.37	-0.14	97.83
CASEtractorCC	C1	C	-0.96	-17.48	-0.17	97.83
HysterForkLift	C2	1	22.60	-6.60	0.17	273.04
HysterForkLift	C2	2	24.09	-6.79	0.22	273.04
HysterForkLift	C2	3	24.15	-7.16	0.18	273.04
HysterForkLift	C2	4	26.71	-7.11	0.22	273.04
HysterForkLift	C2	5	26.96	-6.52	0.21	273.04
HysterForkLift	C2	6	26.74	-5.98	0.22	273.04

续表

车辆	ID#	点位	X/m	Y/m	Z/m	朝向/(°)
HysterForkLift	C2	7	24.26	-5.66	0.20	273.04
HysterForkLift	C2	8	24.14	-6.15	0.20	273.04
HysterForkLift	C2	9	22.65	-6.23	0.18	273.04
HysterForkLift	C2	C	24.96	-6.45	0.20	273.04
NissanMaximaLF	D	LF	30.70	-26.45	-0.04	3.68
NissanMaximaLR	D	LR	30.39	-31.22	-0.11	3.68
NissanMaximaRR	D	RR	32.15	-31.31	-0.10	3.68
NissanMaximaRF	D	RF	32.45	-26.53	-0.02	3.68
NissanMaximaCC	D	C	31.42	-28.87	-0.07	3.68
NissanSentraLF	E	LF	21.98	-26.05	-0.14	3.79
NissanSentraLR	E	LR	21.69	-30.48	-0.22	3.79
NissanSentraRR	E	RR	23.39	-30.58	-0.19	3.79
NissanSentraRF	E	RF	23.67	-26.14	-0.11	3.79
NissanSentraCC	E	C	22.68	-28.30	-0.17	3.79
HyundaiSantaFeLF	F	LF	29.96	-21.44	0.12	184.03
HyundaiSantaFeLR	F	LR	30.27	-17.00	0.13	184.03
HyundaiSantaFeRR	F	RR	28.51	-16.91	0.11	184.03
HyundaiSantaFeRF	F	RF	28.22	-21.31	0.10	184.03
HyundaiSantaFeCC	F	C	29.24	-19.18	0.11	184.03
SaturnIonLF	G	LF	13.90	-24.63	-0.04	5.92
SaturnIonLR	G	LR	13.42	-29.24	-0.27	5.92
SaturnIonRR	G	RR	15.14	-29.39	-0.27	5.92
SaturnIonRF	G	RF	15.52	-24.73	-0.03	5.92
SaturnIonCC	G	C	14.50	-26.92	-0.15	5.92
VWJettaLF	H	LF	3.81	-2.25	0.00	4.24
VWJettaLR	H	LR	3.49	-6.59	-0.11	4.24
VWJettaRR	H	RR	5.15	-6.72	-0.08	4.24
VWJettaRF	H	RF	5.52	-2.38	0.02	4.24
VWJettaCC	H	C	4.49	-4.52	-0.04	4.24
ChevyPrizmLF	J	LF	36.06	-43.97	-0.12	183.93
ChevyPrizmLR	J	LR	36.36	-39.58	-0.15	183.93

续表

车辆	ID#	点位	X/m	Y/m	Z/m	朝向/(°)
ChevyPrizmRR	J	RR	34.82	-39.49	-0.14	183.93
ChevyPrizmRF	J	RF	34.52	-43.84	-0.15	183.93
ChevyPrizmCC	J	C	35.44	-41.72	-0.14	183.93
lightpole01	svslp01	C	22.50	-68.80	-0.59	0.00
lightpole02	svslp02	C	-20.67	-65.72	-0.77	0.00
lightpole03	svslp03	C	-40.94	-28.70	-0.31	0.00
lightpole04	svslp04	C	10.61	-44.58	-0.36	0.00
lightpole05	svslp05	C	-4.37	-21.94	-0.19	0.00
lightpole06	svslp06	C	24.16	-2.20	0.27	0.00
lightpole07	svslp07	C	-24.15	1.19	-0.28	0.00

表6-5 目标车辆尺寸

车辆	ID#	L/m	W/m
Chevy Malibu	A	4.77	1.74
Toyota Camry	B	4.75	1.74
Ford Taurus Wagon	C	4.98	1.86
Nissan Maxima	D	4.79	1.76
Nissan Sentra	E	4.45	1.71
Hyundai Santa Fe	F	4.45	1.77
Saturn Ion	G	4.63	1.73
VW Jetts	H	4.36	1.66
Chevy Prizm	J	4.41	1.54
CASE Tractor w/Plow	C1	4.73	3.07
Hyster Fork Lift w/Fork	C2	4.31	1.50

6.2.2 数据结构及处理方法

该数据集以 MATLAB 二进制格式（*.mat 文件）存储。每个文件都包含针对单基线和单极化在1°宽方位角上收集的相位历程数据。数据集包括8条基线，每条基线包含4个极化，文件总数为11520（360×8×4）。文件依据编号、极化和方位角进行命名。例如文件"data_3dsar_pass1_az001_HH.mat"为 HH 极化、基线1，观测方位角范围为0°~1°的观测回波数据。加载文件后，将提供一个名为"data"的 MATLAB 结构体，如图6-16所示。该结构体包含回波复数据，频率，天线 x、y、z 坐标位置，各个方位的参考斜距，方位角(°)和仰角(°)。

此外,数据中还为 HH 和 VV 极化提供了由基于强点自聚焦获取的运动补偿相位。

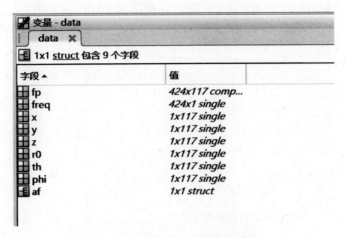

图 6-16 数据文件中所含数据内容

data 中具体所含变量说明如下:

data.fp:相位历程复矩阵,所用的为 dechirp 接收,采样频点为 424,方位采样点数为 117;

data.freq:采样频点对应的频率轴向量,单位 Hz,向量长度为 424;

data.x:数据录取时天线相位中心 x 方向位置,单位 m,长度为 117;

data.y:数据录取时天线相位中心 y 方向位置,单位 m,长度为 117;

data.z:数据录取时天线相位中心 z 方向位置,单位 m,长度为 117;

data.r0:数据录取时天线相位中心到场景中心的距离,单位 m,可根据天线位置 x、y、z 计算得到;

data.th:数据录取时天线相位中心对应的方位角,单位为(°),可根据天线位置 x、y 计算得到;

data.phi:数据录取时天线相位中心相对于场景中心的仰角,单位为(°);

data.af:为相对于场景中心斜距的校正数据,包含了 r_correct 和 ph_correct 两组长度为 117 的向量,其中 r_correct 为距离斜距校正数据,单位为 m,ph_correct 为相位补偿校正数据,单位 rad,两者等价,用其中一种即可。

成像例程如下所示:
```
%--------基于 BP 成像算法的 gotcha 二维成像例程---------
%-------------数据读取部分-------------
clear all;close all;clc;
M=1;% 抽采样数
```

```matlab
% 设置文件读取路径
stringH = 'D:\DATA\pass1\HH\data_3dsar_pass1_az';
stringL = '_HH.mat';    % 选择所读取数据的极化方式(HH、HV、VH、VV)
fp = [];
r0 = [];
freq = [];
pos_x = [];
pos_y = [];
pos_z = [];
th = [];
phi = [];
r_correct = [];
ph_correct = [];
for i = 1:360    % 设定读取文件的角度范围
    if i <= 9
        stringM = ['00'num2str(i)];
    elseif i <= 99
        stringM = ['0'num2str(i)];
    else
        stringM = num2str(i);
    end
    filepath = [stringH stringM stringL];
    load(filepath);    % 读取数据
    fp = [fp,double(data.fp(:,1:M:end))];
    freq = [freq,double(data.freq(:,1:M:end))];
    r0 = [r0,double(data.r0(:,1:M:end))];
    th = [th,double(data.th(:,1:M:end))];
    phi = [phi,double(data.phi(:,1:M:end))];
    pos_x = [pos_x,double(data.x(:,1:M:end))];
    pos_y = [pos_y,double(data.y(:,1:M:end))];
    pos_z = [pos_z,double(data.z(:,1:M:end))];
    r_correct = [r_correct,double(data.af.r_correct(:,1:M:end))];
    ph_correct = [ph_correct,double(data.af.ph_correct(:,1:M:end))];
end
% - - - - - - - - - - - - - BP 成像部分 - - - - - - - - - - - -
%% gotcha 数据处理
c = 3*10^8;
% 设置成像网格
```

```
RScene = 60;        % 场景半径
SceneCenter = [0,0];    % 成像场景中心
Hfocus = 0;          % 成像平面高度
tho_R = 0.1;         % 成像网格间距
tho_A = 0.1;
echo_TheNum = length(r0);    % 获取所需处理数据的方位采样点数
echo_RngNum = length(fp(:,1));    % 获取所需处理数据的距离向点数
Y_Image = (-RScene:tho_R:RScene) + SceneCenter(2);% Y 向成像网格向量
X_Image = (-RScene:tho_A:RScene) + SceneCenter(1);% X 向成像网格向量
Image_XNum = length(X_Image);            % 网格点数
Image_YNum = length(Y_Image);
Y1_Image = ones(Image_XNum,1) * Y_Image;    % 矩阵扩展 获取 Y 向成像网格矩阵
X1_Image = X_Image.' * ones(1,Image_YNum);   % 矩阵扩展 获取 Y 向成像网格矩阵
BPImage = zeros(Image_XNum,Image_YNum);     % 地面场景 BP 图像初始化
F = freq(end) - freq(1);    % 获得频点间隔
deltat = 1/F;        % 获得采样时间间隔
delatT = (-211:1:212) * deltat;    % 获得采样时间向量
RngY = delatT * c;
fc = freq(244,1);         % 获得中心频率
Echo = ifftshift(ifft(fp,[],1),1);    % ifft 变化将相位历程变化为脉压后的时域
数据
h = waitbar(0,'正在进行 BP 成像……');
for i = 1:echo_TheNum
        R0(i) = sqrt(pos_x(i)^2 + pos_y(i)^2 + pos_z(i)^2);
    % 距离历程
        Rt_ij = 2 * sqrt((X1_Image - pos_x(i)).^2 + (pos_y(i) - Y1_Image).^2 +
(pos_z(i) - Hfocus)^2) - 2 * r0(i);
        % 将二维数据生成一维
        Rt_index = Rt_ij(:);
        % 如果第 i 个实孔径的压缩回波的值都为 0,则不进行计算,跳转
    if(max(Echo(:,i)) = = 0)
        continue;
        end
        % 升采样
    Upsampling_factor = 8;
    Echo(:,i) = Echo(:,i).* exp(-1i * 2 * pi * fc * RngY.'/c);    % 搬零频
    dimrng = (Upsampling_factor) * length(Echo(:,i));
    R2 = linspace(RngY(1),RngY(end),dimrng);
```

```
    DataRpc = interpft(Echo(:,i),dimrng);
        % 数据搬入 GPU 显存加快计算
    DataRGPU = gpuArray(DataRpc);
    Rt_indexGPU = gpuArray(Rt_index);
    Rng_Rt_ij = interp1(R2.',DataRGPU,Rt_indexGPU,'linear',0);
        % 补偿相位因,
    Rng_Rt_ij = Rng_Rt_ij.*exp(1i*2*pi*fc*Rt_indexGPU-2*(R0(i)))/c);
        % 计算子脉冲对全局图像的映射 - 将一维数据生成二维子图像
    PulseImage = reshape(Rng_Rt_ij,[Image_XNum,Image_YNum]);
    BPImage = BPImage + PulseImage;% 相干叠加生成二维图像
    waitbar(i/echo_TheNum);
end
close(h);
%% 图像显示
BPImage = gather(BPImage);
FFBPImage_DB = 20*log10(abs(BPImage)/max(max(abs(BPImage))));
figure;imagesc(Y_Image,X_Image,FFBPImage_DB,[-50 0]);% colormap(gray);
grid on,axis tight;
```

6.2.3 处理结果与分析

Wrght State 大学团队最先开展了基于宽角度极化 SAR 的车辆目标分类研究,研究所采用的数据为 CVDomes 电磁仿真数据以及 Gotcha 实测数据。该研究聚焦于车辆目标的属性散射中心在目标识别方面的应用,首先对车辆目标进行以球体、圆柱体、平面、二面角、三面角等典型属性散射中心提取,如图 6-17 所示,其次根据不同车辆目标及属性散射中心的不同,进行车辆的分类识别。图 6-18 为基于属性散射中心的轿车与 SUV 车型的分类结果,在以边缘、圆柱体以及二面角属性散射中心数量构成的立体分类图中,可以将 SUV 与轿车进行很好的分类。

国防科技大学利用 Gotcha 实测数据对多基线 SAR 三维成像中的层析相位误差校正问题进行了研究,研究中发现由于残留运动误差的影响,各轨迹二维复图像在去斜时会引入斜距误差,该斜距误差最终导致了层析向聚焦中的相位误差,该误差不仅受到系统波长的影响,而且具有空变特性。系统波长越短,相位误差的空变性越严重。因此,波段越高的系统,其所能进行相位误差不变假设的成像场景越小。针对相位误差的空变特性,提出采用锐利最优化自聚焦的方法来逐像素地进行层析相位误差校正。该方法以层析向聚焦结果的强度平方为目标函数,通过迭代搜索将使得目标函数达到最大的相位误差序列作为层

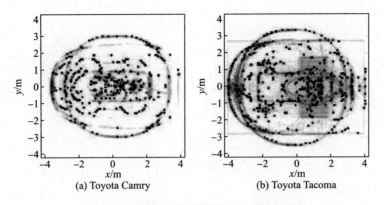

图 6-17 车辆的散射属性中心提取结果

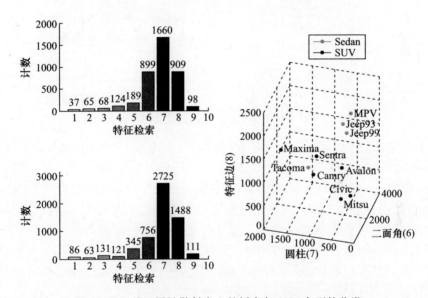

图 6-18 基于属性散射中心的轿车与 SUV 车型的分类

析相位误差的估计结果,最后利用估计结果来完成层析相位误差校正。图 6-19 给出了未进行任何层析相位误差校正处理时,顶帽目标和福特 Taurus Wagon 汽车的三维重建结果,所用的数据为 HH 极化数据,从图中可以看出,由于层析相位误差的影响,层析向不能实现良好的聚焦,从而导致顶帽目标和福特 Taurus Wagon 汽车的三维成像结果中均出现了模糊现象。从该成像结果中无法有效提取出目标的形状、轮廓及几何尺寸等信息。图 6-20 给出了进行层析相位误差校正方法处理以后的顶帽目标和福特 Taurus Wagon 汽车的三维成像结果,可见经过层析相位误差校正以后,顶帽和车辆目标均实现了良好的聚焦,其三维重建结果的形状和尺寸与光学照片中的实物能够良好匹配。

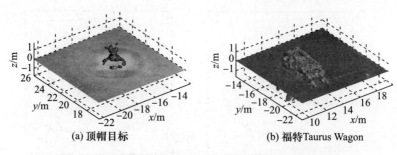

(a) 顶帽目标　　　　　　　　　(b) 福特Taurus Wagon

图 6-19　未进行层析相位误差校正时的三维重建结果

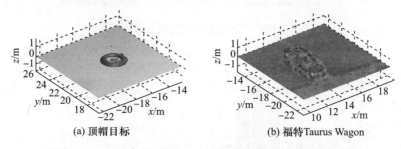

(a) 顶帽目标　　　　　　　　　(b) 福特Taurus Wagon

图 6-20　层析相位误差校正后顶帽目标的三维重建结果

此外该团队还提出了一种基于迭代自适应方法(Iterative Adaptive Approach,IAA)——广义似然比检测(Generalized Likelihood Ratio Test,GLRT)器的多基线 CSAR 高分辨率三维成像处理方法。由于成像场景在三维空间内是稀疏的,因此层析向的一维谱估计问题本质上等效于对有限个层析向目标的位置及复散射系数等参数的估计。基于所提方法进行层析向参数估计。首先利用具有超分辨能力的 IAA 方法得到层析向的连续谱估计,再通过寻找峰值的方式将估计结果离散化,最后利用 GLRT 方法进行模型阶数选择,选出最有可能是目标的估计结果。在得到了每个距离方位单元上的层析向重建结果后,便得到了距离方位层析三维坐标系中的成像结果,通过将该成像结果进行坐标转换便可得到最终的多基线 CSAR 三维图像。对 Gotcha 数据中外形较为复杂的铲车(在数据集中编号为 C1)以及民用车辆(编号为 B)进行了三维重建。图 6-21 与图 6-22 给出了目标的光学照片以及基于 IAAGLRT 的三维成像结果。成像结果显示的动态范围是[-25,0]dB。从视觉直观来看,该三维重构方法能良好地实现车辆目标的三维成像,可得到与光学照片所示实物相似的车辆外形及轮廓,且可以提供更加准确的车辆三维尺寸信息。

西安电子科技大学基于 Gotcha 数据中的 Pass 1、HH 极化方式的 CSAR 数据开展了场景目标的 DEM 提取实验,利用 CSAR 子孔径图像间的相关性采用联合相关法实现了观测场景目标 DEM 较高精度的提取,如图 6-23 所示,目标

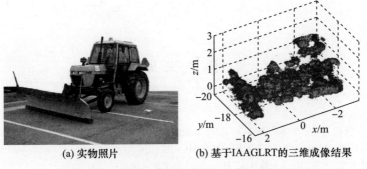

(a) 实物照片　　　　(b) 基于IAAGLRT的三维成像结果

图 6-21　车辆 C1 的实物照片及三维成像结果

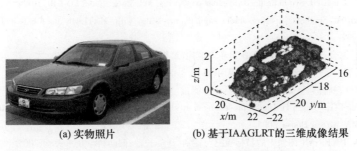

(a) 实物照片　　　　(b) 基于IAAGLRT的三维成像结果

图 6-22　车辆 B 的实物照片及三维成像结果

汽车的实际高度为 1.67m，DEM 提取结果为 1.248m，与汽车的实际高程比较接近。实验结果表明基于孔径相关法能较精确地提取观测场景中目标的 DEM。

(a) 场景目标　　　　(b) DEM 提取结果

图 6-23　西安电子科技大学 DEM 提取实验

参 考 文 献

[1] 阿尔文·托勒夫. 未来的战争[M]. 北京:新华出版社,1996.
[2] 孙武. 孙子兵法[M]. 武汉:武汉出版社,1994.
[3] 保铮,邢孟道,王彤. 雷达成像技术[M]. 北京:电子工业出版社,2005.
[4] 刘永坦. 雷达成像技术[M]. 哈尔滨:哈尔滨工业大学出版社,1999.
[5] Giorgio F,Lanari R. Synthetic aperture radar processing[M]. Boca Raton,FL:CRC,1999.
[6] Soumekh M. Synthetic aperture radar signal processing: with MATLAB algorithms[M]. Hoboken: Wiley,1999.
[7] 张澄波. 综合孔径雷达原理、系统分析与应用[M]. 北京:科学出版社,1989.
[8] 郭华东,等. 雷达对地观测理论与应用[M]. 北京:科学出版社,2000.
[9] 王超,张红,刘智. 星载合成孔径雷达干涉测量[M]. 北京:科学出版社,2002.
[10] Cumming I G, Wong F H. Digital processing of synthetic aperture radar data: algorithms and implementation [M]. MA:Artech House,2005.
[11] 方学立. UWB SAR 图像中的目标检测与鉴别[D]. 长沙:国防科学技术大学,2005.
[12] 王广学. UWB SAR 叶簇隐蔽目标变化检测技术研究[D]. 长沙:国防科学技术大学,2011.
[13] Wiley C. Synthetic Aperture Radars[J]. IEEE Transactions on Aerospace and Electronic Systems,1985,21 (3):440 – 443.
[14] Curlander J C, Donough R H M. Synthetic aperture radar: systems and signal processing[M]. NewYork: JohnWiley &Sons, inc,1991.
[15] Ausherman D A, et al. Developments in radar imaging[J]. IEEE Transactions on Aerospace and Electronic Systems,1984,20(4):363 – 381.
[16] 胡利平. 合成孔径雷达图像目标识别技术研究[D]. 西安:西安电子科技大学,2009.
[17] 计科峰. SAR 图像目标特征提取与分类方法研究[D]. 长沙:国防科学技术大学,2003.
[18] 杨志国. 基于 ROI 的 UWB SAR 叶簇覆盖目标鉴别方法研究[D]. 长沙:国防科学技术大学,2007.
[19] 许军毅. 重轨低频超宽带干涉合成孔径雷达关键技术研究[D]. 长沙:国防科学技术大学,2015.
[20] 庞礴,代大海,邢世其,等. 层析成像技术的发展和展望[J]. 系统工程与电子技术,2013,35(7): 1421 – 1429.
[21] 孙希龙. SAR 层析与差分成像技术研究[D]. 长沙:国防科学技术大学,2012.
[22] 范崇祎. 单/双通道低频 SAR/GMTI 技术研究[D]. 长沙:国防科学技术大学,2012.
[23] 项德良. PolSAR 图像建筑物信息提取技术研究[D]. 长沙:国防科学技术大学,2016.
[24] Soergel U. Radar remote sensing of urban areas[M]. Germany:Springer,2010.
[25] Lee J,Pottier E. Polarimetric radar imaging:from basics to applications[M]. FL,USA:CRC Press,2009.
[26] Vickers R S, Gonzalez V H, Ficklin R W. Results from a VHF impulse synthetic aperture radar[C]// In Proc. International Society for Optics and Photonics. Los Angeles:SPIE,1992:219 – 225.
[27] 郑杰. 太赫兹成像技术与图形算法的研究[D]. 成都:电子科技大学,2017.

[28] 贾高伟. 无人机载微型 SAR 高分辨成像技术研究[D]. 长沙:国防科学技术大学,2015.
[29] 谢洪途. 一站固定式低频双站 SAR 高分辨率成像处理技术[D]. 长沙:国防科学技术大学,2015.
[30] 安道祥. 高分辨率 SAR 成像处理技术研究[D]. 长沙:国防科学技术大学,2011.
[31] 杨志伟. 星载正侧视阵列雷达 GMTI 研究[D]. 西安:西安电子科技大学,2008.
[32] Guillet J P, Recur B, Frederique L, et al. Review of terahertz tomograghy techniques[J]. J Infrared Milli Terahz Waves,2014,35:382 – 411.
[33] Zhu X, Bamler R. Very high resolution spaceborne SAR tomogra – phy in urban environment[J]. IEEE Transactions on Geoscience and Remote Sensing,2010,48(12):4296 – 4308.
[34] Zhu X, Bamler R. Demonstration of super – resolution for tomo – graphic SAR imaging in urban environment[J]. IEEE Transactions on Geoscience and Remote Sensing,2012,50(8):3150 – 3157.
[35] Ishimaru A, Chan T, Kuga Y. An imaging technique using confocal synthetic aperture radar[J]. IEEE Transactions on Geoscience and Remote Sensing,1998,36(5):1524 – 1530.
[36] 吴一戎. 多维度合成孔径雷达成像概念[J]. 雷达学报,2013,2(2):135 – 140.
[37] 杨志国. 基于 ROI 的 UWB SAR 叶簇覆盖目标鉴别方法研究[D]. 长沙:国防科学技术大学,2007.
[38] Bryant M L, Gostin L L, Soumekh M. 3 – D E – CSAR imaging of a T – 72 tank and synthesis of itsSAR reconstructions[J]. IEEE Transactions on Aerospace and Electronic Systems,2003,39:211 – 227.
[39] Boss N, Ertin E, Moses R. Autofocus for 3D imaging with multipass SAR[C]//Proc. Algorithms for Synthetic Aperture Radar Imagery XVII. Orlando:SPIE,2010:7699.
[40] Ash J N, Ertin E, Potter L C, et al. Wide – angle synthetic aperture radar imaging – models and algorithms for anisotropic scattering[J]. IEEE Signal Processing Magazine,2014,31(4):16 – 26.
[41] Dungan K E, Potter L C. Classifying vehicles in wide – angle radar using pyramid match hashing[J]. IEEE Journal Selected Topics Signal Processing,2011,5(3):577 – 591.
[42] Dungan K E, Potter L C. Three – dimensional imaging of vehicles with wide – angle synthetic aperture radar[J]. IEEE Transactions on Aerospace and Electronic Systems,2011,47(1):187 – 200.
[43] Michael A S, Julie A J, Dane F F. Rethinking vehicle classification with wide – angle polarimetric SAR[J]. IEEE Aerospace and Electronic Systems Magazine,2014,29(1):41 – 49.
[44] Moore L, Potter L, Ash J. Three – dimensional position accuracy in circular synthetic aperture radar[J]. IEEE Transactions on Aerospace and Electronic Systems,2014,29(1):29 – 40.
[45] Ponce O, Iraola P P, Pinheiro M, et al. Fully polarimetric high – resolution 3 – D imaging with circular SAR at L – band[J]. IEEE Transactions on Geoscience and Remote Sensing,2014,52(6):3074 – 3090.
[46] Ponce O, Prats P, Rodriguez M, et al. Processing of circular SAR trajectories with fast factorized back – projection[C]//Proc. International Geoscience and Remote Sensing Symposium (IGARSS). Vancouver:IEEE,2011:3692 – 3695.
[47] Frölind P, Gustavsson A, Lundberg M, et al. Circular – aperture VHF – band synthetic aperture radar for detection of vehicles in forest concealment[J]. IEEE Transactions on Geoscience and Remote Sensing,2012,4(50):1329 – 1339.
[48] Ponce O, Iraola P P, Scheiber R, et al. Polarimetric 3 – D reconstruction from multi circular SAR at P – band[J]. IEEE Geoscience and Remote Sensing Letters,2014,11(4):803 – 807.
[49] Ponce O, Prats P, Rodriguez M, et al. First airborne demonstration of holographic SAR tomography with fully polarimetric multicircular acquisitions at L – band[J]. IEEE Transactions on Geoscience and Remote Sensing,2016,54(10):6170 – 6196.

[50] Ponce O, Prats P, Scheiber R, et al. Study of the 3 – D impulse response function of holographic SAR tomography with multicircular acquisitions[C]//Proc. European Conference on Synthetic Aperture Radar(EUSAR). Berlin:VDE,2014:1433 – 1436.

[51] Nehru D N, Vu V T, Sjögren T K, et al. SAR resolution enhancement with circular aperture in theory and empirical scenario[C]//Proc. 2014 IEEE Radar Conference. IEEE,2014:1 – 6.

[52] Oriot H, Cantalloube H. Circular SAR imagery for urban remote sensing[C]//Proc. European Conference on Synthetic Aperture Radar(EUSAR). Friedrichshafen:VDE,2008:205 – 208.

[53] Palm S, Oriot H M, Cantalloube H M. Radargrammetric DEM extraction over urban area using circular SAR imagery[J]. IEEE Transactions on Geoscience and Remote Sensing,2012,50(11):4720 – 4725.

[54] Chen L, An D, Huang X. A backprojetion – based imaging for circular synthetic aperture radar[J]. IEEE Journal Selected Topics Applied Earth Observations and Remote Sensing,2017,10(8):3547 – 3555.

[55] Chen L, An D, Huang X. P – band ultra wideband circular synthetic aperture radar experiment and imaging [C]//Proc. 2016 CIE International Radar Conference. Guangzhou:IEEE,2016:1153 – 1155.

[56] Jia G, Buchroithner M F, Chang W. Fourier – based 2 – D imaging algorithm for circular synthetic aperture radar:Analysis and application[J]. IEEE Journal Selected Topics Applied Earth Observations and Remote Sensing,2015,9(1):475 – 489.

[57] Jia G, Chang W, Zhang Q, et al. The analysis and realization of motion compensation for circular synthetic aperture radar data[J]. IEEE Journal Selected Topics Applied Earth Observations and Remote Sensing, 2016,9(7):3060 – 3071.

[58] Li Y, Jin T, Song Q. 3D back – projection imaging in circular SAR with impulse signal[C]// In Proc. 2009 2nd Asian – Pacific Conference on Synthetic Aperture Radar. Xiān:IEEE,2009:775 – 778.

[59] 张祥坤. 高分辨圆迹合成孔径雷达成像机理及方法研究[D]. 北京:中国科学院研究生院,2007.

[60] 林赟. 圆迹合成孔径雷达成像算法研究[D]. 北京:中国科学院电子学研究所,2011.

[61] Li Y, Hong W, Tan W X. et al. Interferometric circular SAR method for three – dimensional imaging [J]. IEEE Geoscience and Remote Sensing Letters,2011,8(6):1026 – 1030.

[62] 洪文. 圆迹SAR成像技术研究进展[J]. 雷达学报,2012,1(2):124 – 135.

[63] 刘燕,吴元,孙光才,等. 圆轨迹SAR快速成像处理[J]. 电子与信息学报,2013,35(4):852 – 858.

[64] Wang X, Xing M, Zhu M. Interferometric estimation of three – dimensional surface deformation using geosynchronous circular SAR[J]. IEEE Transactions on Aerospace and Electronic Systems,2012,48(2):1619 – 1635.

[65] 王本君. 圆周三维成像技术研究[D]. 成都:电子科技大学,2012.

[66] 田甲申. 圆周SAR成像算法及相关技术研究[D]. 成都:电子科技大学,2013.

[67] 吴堃. 线阵及圆周三维成像算法研究[D]. 成都:电子科技大学,2012.

[68] 张佳佳,姚佰栋,孙龙,等. 低频圆周SAR系统设计与试验验证[J]. 电子技术,2017(15):111 – 113.

[69] 查鹏. 圆迹SAR快速高精度极坐标格式成像算法研究[D]. 上海:上海交通大学,2015.

[70] 吴琦. 圆迹SAR系统DEM提取及运动补偿技术研究[D]. 上海:上海交通大学,2017.

[71] Frölind P O, Ulander L M H, Gustavsson A, et al. VHF/UHF – Band SAR imaging using circular tracks [C]//Proc. International Geoscience and Remote Sensing Symposium(IGARSS). Mumich:IEEE,2012:7409 – 7411.

[72] Gorham L A. Large scene SAR image formation[D]. Aaclen:VDE Wright State University,2015.

[73] Dupuis X, Martineau P. Very high resolution circular SAR imaging at X band[C]//Proc. International Geoscience and Remote Sensing Symposium. Aaclen: VDE IEEE, 2014: 930 – 933.

[74] Martineau P, Oriot H, Cantalloube H, et al. RAMSES – NGX – band UHR capability[C]//Proc. the12th European Conference on SyntheticAperture Radar. Aaclen: VDE 2018: 1 – 3.

[75] Pinheiro M, Prats P, Scheiber R, et al. Tomographic 3D reconstruction from airborne circular SAR[C]// Proc. International Geoscience and Remote Sensing Symposium, Cape Town, South Africa. Mumich: IEEE, 2009: 21 – 24.

[76] Schartel M, Prakasan K, Hüglerp, et al. A multicopter – based focusing method for ground penetrating syntheticaperture radars [C]//Proc. International Geoscience and Remote Sensing Symposium. Mumich: IEEE, 2018: 5420 – 5423.

[77] Palm S, Sommer R, Janssen D, et al. Airborne circular W – Band SAR for multiple aspect urban site monitoring[J]. IEEE Trans. on Geoscience and Remote Sensing, 2019, 57(9): 6996 – 7016.

[78] Palm S, Stilla U. 3 – D Point cloud generation from airborne single – pass and single – channel circular SAR Data[J]. IEEE Transactions on Geoscience and Remote Sensing, 2021, 59(10): 8398 – 8417.

[79] Demirci S, Yigit E, Ozdemir C. Wide – field circular SAR imaging: Anempirical assessment of layover effects[J]. Microwave and Optical Technology Letters, 2015, 57(2): 489 – 497.

[80] Soumekh M. Reconnaissance with slant plane circular SAR imaging[J]. IEEE Transactions on Image Processing, 1996, 5(8): 1252 – 1265.

[81] Ishimaru A, Chan T, Kuga Y. Experimental studies on circular SAR imaging in clutter using angular correction function technique [J]. IEEE Transactions on Geoscience and Remote Sensing, 1999, 37(5): 2192 – 2197.

[82] Ulander L M H, Hellsten H, Stenstrom G. Synthetic – aperture radar processing using fast factorized back – projection[J]. IEEE Transactions on Aerospace and Electronic Systems, 2003, 39(3): 760 – 776.

[83] Cantalloube H M J, Nahum C E. Airborne SAR – efficient signal processing for very high resolution [J]. Proceedings of the IEEE, 2013, 101(3): 784 – 797.

[84] Cantalloube H M J, Fernandez P D. Airborne X – band SAR imaging with 10cm resolution: technical challenge and preliminary results [J]. IEE Proceedings – Radar, Sonar and Navigation, 2006, 153(2): 163 – 176.

[85] Cantalloube H M J, Colin E, Oriot H. High resolution SAR imaging along circular trajectories[C]// Proc. International Geoscience and Remote Sensing Symposium (IGARSS). Barcelona: IEEE, 2007: 850 – 853.

[86] 邢世其. 人造目标极化雷达三维成像理论与方法研究[D]. 长沙: 国防科学技术大学, 2012.

[87] Linnehan R, Miller J, Bishop E, et al. An autofocus technique for video – SAR[J]. Proc. SPIE – Algorithms for Synthetic Aperture Radar Imagery XX, 2013, 8746(8): 1 – 10.

[88] MillerJ, Bishop E, Doerry A. Applying stereo SAR to remove height – dependent layover effects from video SAR imagery[J]. Proc. SPIE – Algorithms for Synthetic Aperture Radar Imagery XXI, 2014, 9093(0A): 1 – 10.

[89] Lin Y, Hong W, Tan W. A novel PGA technique for circular SAR based on echo regeneration[C]// Proc. CIE International Conference on Radar. Chengdu: IEEE, 2011: 411 – 413.

[90] Lin Y, Hong W, Tan W, et al. Extension of range migration algorithm to squint circular SAR imaging [J]. IEEE Geoscience and Remote Sensing Letters, 2011, 8(4): 651 – 655.

[91] 汤子跃,张守融. 双站合成孔径雷达系统原理[M]. 北京:科学出版社,2003.

[92] 何峰,杨阳,董臻,等. 压缩感知曲线 SAR 孔径优化和目标三维特征提取[J],国防科技大学学报, 2015,(4):93-98.

[93] Carrara W G,Goodman R S,Majewski R M. Spotlight synthetic aperture radar signal processing algorithms [M]. Boston:Artech House,1995.

[94] Marquez A,Marchand J L. SAR image quality assessment[J]. Asoc. Espanola de Teledetection Revista de Teledetecion,1993,2:12-18.

[95] Vu V T,Sjögren T K,Pettersson M I,et al. An impulse response function for evaluation of UWB SAR imaging[J]. IEEE Transactions on Signal Processing,2010,58(7):3927-3932.

[96] Vu V T,Sjögren T K,Hellsten H. On synthetic aperture radar azimuth and range resolution equations [J]. IEEE Transactions on Aerospace and Electronic Systems,2012,48(2):1764-1769.

[97] Vu V T,Sjögren T K,Pettersson M I. Definition on SAR image quality measurements for UWB SAR [J]. Proc. SPIE Image and Signal Processing for Remote Sensing XIV,2008,7109(71091A):1-10.

[98] Wu C,Liu K Y,Jin M J. A modeling and correlation algorithm for spaceborne SAR signals[J]. IEEE Transactions on Aerospace and Electronic Systems,1982,18(5):561-574.

[99] Cumming I G,Wong F H,Raney R K. A SAR processing algorithm with no interpolation[C]// Proceedings of International Geoscience and Remote Sensing Symposium (IGARSS). Houston, TX: IEEE, 1992: 376-379.

[100] Bamle R. A comparison of range-doppler and wavenumber domain SAR focusing algorithms[J]. IEEE Transactions on Geoscience and Remote Sensing,1992,30(4):706-713.

[101] Zhang Z,Lei H,Lv Z. Vehicle layover removal in circular SAR Images via ROSL[J]. IEEE Geoscience and Remote Sensing Letters,2015,12(12):2413-2417.

[102] Damini A,Balaji B,Parry C,et al. A video SAR mode for the X-band wideband experimental airborne radar[J]. Proc. SPIE Synthetic Aperture Radar Imagery XVII,2010,7699(76990E):1-8.

[103] Moses R L,Potter L C. Noncoherent 2D and 3D SAR reconstruction from wide-angle measurements[C]// Proc. 13th Annual Adaptive Sensor Array Processing Workshop, MIT Lincoln Laboratory. Lexington: MA, 2005:1-6.

[104] 埃伯哈德. 数学指南——实用数学手册[M]. 北京:科学出版社,2012.

[105] Moses R L,Potter L C,Cetin M. Wide-angle SAR imaging[C]//Proc. Algorithms for Synthetic Aperture Radar Imagery XI. Florence:SPIE,2004:164-175.

[106] Li A D,Li Y,Huang X,et al. Performance evaluation of frequency-domain algorithms for chirped low frequency UWB SAR data processing[J]. IEEE Journal Selected Topics Applied Earth Observations and Remote Sensing,2014,7(2):678-690.

[107] Ertin E,Austin C D,Sharma S,et al. Gotcha experience report:three-dimensional SAR imaging with complete circular apertures[J]. International Society for Optics and Photonics on Defense and Security Symposium,2007,6568(656802):1-12.

[108] Vu V T,Sjögren T K,Pettersson M I. Studying CSAR systems using IRF-CSAR[C]// In Proc. IET RADAR conference. Glasgow:IET,2012:1-6.

[109] Cafforio C,Prati C,Rocca F. SAR data focusing using seismic migration and techniques[J]. IEEE Transaction on Aerospace Electronic System,1991,35(3):194-207.

[110] Raney R K,Runge H,Bamler R,et al. Precision SAR processing using chirp scaling[J]. IEEE Transac-

tion on Geoscience and Remote Sensing,1994,32(4):786-799.

[111] Davidson G W, Cumming I G. A chirp scaling approach for processing squint mode SAR data[J]. IEEE Transaction on Aerospace Electronic System,1996,32(1):121-133.

[112] Moreira A, Mittermayer J, Scheiber R. Extended chirp scaling algorithm for air and spcaeborne SAR data processing in stripmap and scanSAR imaging modes[J]. IEEE Transactions on Geoscience and Remote Sensing,1996,34(5):1123-1136.

[113] Mittermayer J, Moreira A, Loffeld O. Spotlight SAR data processing using the frequency scaling algorithm [J]. IEEE Transactions on Geoscience and Remote Sensing,1999,37(5):2198-2214.

[114] Frey O, Magnard C, et al. Focusing of airborne Synthetic Aperture Radar data from highly nonlinear flight tracks[J]. IEEE Transactions on Geoscience and Remote Sensing,2009,47(6):1844-1858.

[115] Frey O. Synthetic aperture radar imaging in the time domain for nonlinear sensor trajectories and SAR tomography[D]. zurich: University of Zurich,2010.

[116] Seger O, Herberthson M, Hellsten H. Real-time SAR processing of low frequency ultra wide band radar data[C]//Proc. European Conference on Synthetic Aperture Radar(EUSAR). Friedrichshafen: VDE, 2012:489-492.

[117] Yegulalp A F. Fast Back projection algorithm for synthetic aperture radar[C]//Proc. SPIE Aerosense Conference. Orlando: SPIE,1996:25-36.

[118] AhmedI. Study of the local backprojection algorithm for image formation in ultra wideband synthetic aperture radar[D]. Blekinge: Electrical Engineering. School of Engineering Sweden: Blekinge Institute of Technology,2008.

[119] McCorkle J, Rofheart M. An order N2log(N) backprojection algorithm for focusing wide-angle wide-bandwidth arbitrary-motion synthetic aperture radar[C]//Proc. SPIE Aero Sense Conference. Orlando: SPIE,1996:25-36.

[120] Oh S M, McClellan J H. Multiresolution Imaging with quadtree backprojection[C]//Proc. 35th Asilomar Conference on Signals Systems & Computers. Monterey: IEEE,2001:105-109.

[121] Shu X, David C M, Samit B, et al. An N2logN back-projection algorithm for SAR image formation[C]// Proc. 34th Asilomar Conference on Signals Systems & Computers. Pacific Grove: IEEE,2000:3-7.

[122] 严少石. 无人机载 UWB SAR 实时运动补偿技术研究[D]. 长沙:国防科学技术大学,2012.

[123] Fornaro G, Franceschetti G, Perna S. On center-beam approximation in SAR motion compensation [J]. IEEE Geoscience and Remote Sensing letters,2006,3(2):276-280.

[124] Dungan K E, Nehrbass J W. Wide-area wide-angle SAR focusing[J]. IEEE Aerospace and Electronic Systems Magazine,2014,29(1):21-28.

[125] Dungan K E, Nehrbass J W. SAR Focusing using multiple trihedrals[J]. Proc. SPIE-Algorithms for Synthetic Aperture Radar Imagery XX,2013,8746(874606):1-9.

[126] Wahl D E, Eichel P H, Ghiglia D C, et al. Phase gradient autofocus: A robust tool for high resolution SAR phase correction[J]. IEEE Transactions on Aerospace and Electronic Systems,1994,30(7):827-835.

[127] Xing M, Jiang X, Wu R, et al. Motion compensation for UAV SAR based on raw radar data[J]. IEEE Transactions on Geoscience and Remote Sensing,2009,47(8):2870-2883.

[128] Mancill C E, Swiger J M. A map drift autofocus technique for correcting higher order SAR phase errors [C]//Proc. 27th Annual Tri-Service Radar Symposium Record. Monterey: IEEE,1981:391-400.

[129] Ash J N. An autofocus method for backprojection imagery in synthetic aperture radar[J]. IEEE Geoscience

and Remote Sensing Letters,2012,9(1):104-108.
[130] Hu K,Zhang X,He S,et al. A less-memory and high-efficiency autofocus back projection algorithm for SAR imaging[J]. IEEE Geoscience and Remote Sensing Letters,2015,12(4):890-894.
[131] Berizzi F,Corsini G. Autofocusing of inverse synthetic aperture radar images using contrast optimization [J]. IEEE Transactions on Aerospace and Electronics Systems,1996,32(3):1185-1191.
[132] 薛国义. 机载高分辨超宽带合成孔径雷达运动补偿技术研究[D]. 长沙:国防科学技术大学,2008.
[133] 薛国义,周智敏,安道祥. 一种适用于机载SAR的改进PACE自聚焦算法[J]. 电子与信息学报,2008,30(11):2719-2723.
[134] Fienup J R,Miller J J. Aberration correction by maximizing generalized sharpness metrics[J]. Journal of Optical Society of America A,2003,20(4):609-620.
[135] Schulz T J. Optimal sharpness function for SAR autofocus[J]. IEEE Signal Process. Lett.,2007,14(1):27-30.
[136] 吴翊,李超,罗建书,等. 应用数学基础[M]. 北京:高等教育出版社,2006.
[137] Hart J C. Distance to an ellipsoid[C]// Graphics Gems IV,San Mateo:CA,1994:113-119.
[138] Lowe D G. Distinctive image features from scale-invariant key points[J]. The International Journal of Computer Vision,2004,60(2):91-110.
[139] Obdrzalek D,Basovnik S,Mach L,et al. Detecting scene elements using maximally stable colour regions [J]. Communications in Computer and Information Science,2010,82:107-115.
[140] Cantalloube H,Colin E. Assessment of physical limitations of high resolution on targets at X-band from circular SAR experiments[C]//Proc. of European Conference on Synthetic Aperture Radar(EUSAR). Friedrichshafen:VDE,2008:1-4.
[141] Akyildiz Y,Moses R L. Scattering center model for SAR imagery[C]//Proceedings of SAR Image Analysis,Modeling and Techniques II. Florence:SPIE,1999:76-85.
[142] Georgescu B,Meer P. Point matching under large image deformations and illumination changes[J]. IEEE Transactions on Pattern Analysis and Machine Intelligence,2004,26(6):674-688.
[143] 黄晓涛. UWB-SAR抑制RFI方法研究[D]. 长沙:国防科学技术大学,1999.
[144] Vu V T,Sjögren T K,Pettersson M I,et al. RFI suppression in ultrawideband SAR using an adaptive line enhancer[J]. IEEE Transactions on Geoscience and Remote Sensing,2010,7(4):694-698.
[145] Liu Z L,Liao G S,Yang Z W. Time variant RFI suppression for SAR using iterative adaptive approach [J]. IEEE Geoscience and Remote Sensing Letters,2013,10(6):1424-1428.
[146] Dungan K E,Potter L C. Classifying civilian vehicles using a wide-field circular SAR[C]//Proc. SPIE Algorithms for Synthetic Aperture Radar Imagery XVI. Oriando:SPIE,2009,7337(73370R):1-11.
[147] Knaell K K,Cardillo G P. Radar tomography for the generation of three-dimensional images[J]. IEE Proceedings-Radar,Sonar and Navigation,1995,142(2):54-60.
[148] Austin C D,Ertin E,Moses R L. Sparse multipass 3D SAR imaging:applications to the Gotcha data set [J]. in Proc. Algorithms for Synthetic Aperture Radar Imagery XVI. Oriando:SPIE,2009:1-12.
[149] Ferrara M,Jackson J A,Austin C. Enhancement of multi-pass 3D circular SAR images using sparse reconstruction techniques[C]//Proc. Algorithms for Synthetic Aperture Radar Imagery XVII. Oriando:SPIE,2010,7337(733702):1-10.
[150] Dungan K E,Potter L C. 3-D imaging of vehicles using wide aperture radar[J]. IEEE Transactions on

Aerospace and Electronic Systems,2011,47(1):187-200.

[151] Eikvil L, Aurdal L, Koren H. Classification-based vehicle detection in high-resolution satellite images [J]. Journal of Photogrammetry and Remote Sensing,2009,64:65-72.

[152] Magee D R. Tracking multiple vehicles using foreground, background and motion models[J]. Image and Vision computing,2004,22(2):143-155.

[153] Sharma G, Merry G J, Goel P. Vehicle detection in 1m resolution satellite and airborne imagery[J]. International Journal of Remote Sensing,2006,27(4):779-797.

[154] Gerhardinger A, Ehrlich D, Pesaresi M. Vehicles detection from very high resolution satellite imagery [C]// Proc. International Archives of Photogrammetry and Remote Sensing. Vienna: ISPRS, 2005: 83-88.

[155] PhilipsW, Chellappa R. Target detection in SAR: parallel algorithms, context extraction and region adaptive techniques[C]//Proc. Algorithms for Synthetic Aperture Radar Imagery IV. Orlando: SPIE, 1997: 76-87.

[156] McConnell I, Oliver C J. A comparison of segmentation methods with standard CFAR for point target detection[C]// Proc. SAR Image Analysis, Modeling, and Techniques. Barcelona: SPIE,1998:76-88.

[157] Matas J, Chum O, Urban M. Robust wide baseline stereo from maximally stable extremal regions[J]. Image and Vision Computing,2004,22(10):761-767.

[158] Potter L C, Moses R L. Attributed scattering centers for SAR ATR[J]. IEEE Transactions on Image Processing,1997,5(1):79-91.

[159] 李飞. 雷达图像目标特征提取方法研究[D]. 西安:西安电子科技大学,2014.

[160] Skolnik M I. Radar handbook[M]. Michigan:McGraw-Hill Education,2008.

[161] Fung A K. Theory of cross polarized power returned from a random surface[J]. Apply Scientific Research, 1967,18:50-60.

[162] Spetner L M, Katz I. Two statistical models for radar terrain return[J]. IRE Transactions on Antennas and Propagation,1960,8(3):242-246.

[163] Zyl J V, Kim Y. Synthetic aperture radar polarimetry[M]. New York:John Wiley & Sons,2011.

[164] Kalviainen H, Hirvonen P. An extension to the randomized Hough transform exploiting connectivity [J]. Pattern Recognition Letters,1997(18):77-85.

[165] Dungan K E, Austin C, Nehrbass J, et al. Civilian vehicle radar data domes[J]. Proc. SPIE, Algorithms for Synthetic Aperture Radar Imagery XVII,2010,7699(76990P):1-12.

[166] Gianelli C D, Xu L. Focusing, imaging, and ATR for the Gotcha 2008 wide angle SAR collection [J]. Proc. SPIE, Algorithms for Synthetic Aperture Radar Imagery XX,2013,8746(87460N):1-8.

[167] Jakowatz C V, Wahl D E, Eichel P H, et al. Spotlight-mode synthetic aperture radar: a signal processing approach[M]. Berlin:Springer Science & Business Media,2012.

附录A

NB SAR点目标脉冲响应函数

定义 sinc 函数为

$$\text{sinc}(t) = \frac{1}{2\pi}\int_{-\pi}^{\pi} e^{jwt} dw = \begin{cases} 1, & t = 0 \\ \dfrac{\sin(\pi t)}{\pi t}, & t \neq 0 \end{cases} \quad (\text{A}-1)$$

设 a、b 为常数,x、y 为变量,计算积分 $\int_b^a e^{jyx}dy\int_b^a e^{jyx}dy$,可将积分区域 $[a,b]$ 映射至 $[-\pi,\pi]$,映射关系为

$$Y = \frac{y - \dfrac{a+b}{2}}{\dfrac{a-b}{2}}\pi \Rightarrow y = Y\frac{\dfrac{a-b}{2}}{\pi} + \frac{a+b}{2} \quad (\text{A}-2)$$

积分式可变为

$$\int_b^a e^{jyx}dy = \int_{-\pi}^{\pi} e^{j\frac{Y\frac{a-b}{2}}{\pi}x + \frac{a+b}{2}x} d\left(Y\frac{\dfrac{a-b}{2}}{\pi} + \frac{a+b}{2}\right)$$

$$= 2\pi e^{j\frac{a+b}{2}x}\frac{a-b}{2\pi}\frac{1}{2\pi}\int_{-\pi}^{\pi} e^{jY\frac{a-b}{2\pi}x} dY$$

$$= (a-b)e^{j\frac{a+b}{2}x}\text{sinc}\left(\frac{a-b}{2\pi}x\right) \quad (\text{A}-3)$$

NB SAR 的点目标脉冲响应由其近似矩形的二维波束支撑域,即将式(2-20)代入式(2-19),有

$$h(x,y) = \frac{1}{(2\pi)^2}\int_{k_{y,\min}}^{k_{y,\max}} e^{jk_y y} dk_y \int_{k_{x,\min}}^{k_{x,\max}} e^{jk_x x} dk_x$$

$$= A\,\text{sinc}\left(\frac{k_{y,\max} - k_{y,\min}}{2\pi}y\right)\text{sinc}\left(\frac{k_{x,\max} - k_{x,\min}}{2\pi}x\right) \quad (\text{A}-4)$$

附录A NB SAR 点目标脉冲响应函数

其中 A 为常数项，为

$$A = (k_{y,\max} - k_{y,\min})(k_{x,\max} - k_{x,\min}) e^{j\left(\frac{k_{y,\max}+k_{y,\min}}{2}x + \frac{k_{x,\max}+k_{x,\min}}{2}y\right)} \quad (A-5)$$

可忽略。且在有 $\dfrac{(k_{x,\max}-k_{x,\min})}{2} \approx k_c \sin\dfrac{\phi_1}{2}$，忽略常数项 A 后，式(A-4)可重写为

$$h(x,y) \approx \operatorname{sinc}\left(\frac{k_c}{\pi}\sin\frac{\phi_1}{2}x\right) \cdot \operatorname{sinc}\left(\frac{k_{y,\max}-k_{y,\min}}{2\pi}y\right) \quad (A-6)$$

附录B

通用SAR点目标脉冲响应函数

对于通用SAR点目标函数,可以将式(2-29)、式(2-30)代入式(2-19),可得其在极坐标系下的积分表达形式,为

$$h(\rho,\varphi) = \left(\frac{k_c}{2\pi}\right)^2 \int_{-\phi_V/2}^{\phi_V/2} \int_{1-B_r/2}^{1+B_r/2} \kappa e^{j\kappa\rho\cos(\phi-\varphi)} \mathrm{d}\kappa \mathrm{d}\phi \qquad (B-1)$$

设 $J_n(z)$ 为第一类 n 阶贝塞尔函数,其积分表达式为

$$J_n(z) = \frac{1}{2\pi}\int_{-\pi}^{\pi} \cos(n\theta - z\sin\theta)\mathrm{d}\theta \qquad (B-2)$$

当 n 为整数,$e^{\frac{z}{2}\left(t-\frac{1}{t}\right)}$ 可由 $J_n(z)$ 的母函数表示,即

$$e^{\frac{z}{2}\left(t-\frac{1}{t}\right)} = \sum_{n=-\infty}^{\infty} J_n(z)t^n, \quad 0 < |t| < \infty; |z| < \infty \qquad (B-3)$$

令 $t = e^{j\theta}$,则

$$\left. t - \frac{1}{t}\right|_{t=e^{j\theta}} = e^{j\theta} - e^{-j\theta}$$

$$= \cos\theta + j\sin\theta - [\cos(-\theta) + j\sin(-\theta)]$$

$$= 2j\sin\theta \qquad (B-4)$$

将式(B-4)代入式(B-3)得

$$\sum_{n=-\infty}^{\infty} J_n(z)e^{jn\theta} = e^{jz\sin\theta} = e^{jz\cos\left(\frac{\pi}{2}-\theta\right)} \qquad (B-5)$$

再令 $\theta' = \pi/2 - \theta$ 代入式(B-5)中,可得

附录 B 通用 SAR 点目标脉冲响应函数

$$e^{jz\cos\theta'} = \sum_{n=-\infty}^{\infty} J_n(z) e^{jn(\pi/2-\theta')}$$

$$= \sum_{n=-\infty}^{\infty} J_n(z) e^{jn\theta'} j^n \qquad (B-6)$$

令 $z = \kappa\rho$ 和 $\theta' = \phi - \varphi$,则式(B-6)可重写为

$$e^{j\kappa\rho\cos(\phi-\varphi)} = \sum_{n=-\infty}^{\infty} J_n(\kappa\rho) e^{-jn(\phi-\varphi)} j^n \qquad (B-7)$$

将式(B-7)代入式(B-1)可得

$$h(\rho,\varphi) = \left(\frac{k_c}{2\pi}\right)^2 \int_{-\phi_I/2}^{\phi_I/2} \int_{1-B_r/2}^{1+B_r/2} \kappa \sum_{n=-\infty}^{\infty} J_n(\kappa\rho) e^{jn(\phi-\varphi)} j^n d\kappa d\phi$$

$$= \left(\frac{k_c}{2\pi}\right)^2 \sum_{n=-\infty}^{\infty} j^n \int_{-\phi_I/2}^{\phi_I/2} e^{jn(\phi-\varphi)} d\phi \int_{1-B_r/2}^{1+B_r/2} \kappa J_n(\kappa\rho) d\kappa \qquad (B-8)$$

式(B-8)中成功将两个积分变量分离,分别计算累加式中的两个积分,首先有

$$\int_{-\phi_I/2}^{\phi_I/2} e^{jn(\phi-\varphi)} d\phi = e^{-jn\varphi} \frac{e^{jn\phi_I/2} - e^{-jn\phi_I/2}}{jn} \qquad (B-9)$$

将式(B-9)写为 sinc 函数的形式,有

$$\int_{-\phi_0/2}^{\phi_0/2} e^{jn(\phi-\varphi)} d\phi = e^{-jn\varphi} \frac{2j\sin(n\phi_I/2)}{jn}$$

$$= e^{-jn\varphi} \phi_I \frac{\sin\left(\pi \dfrac{n\phi_I}{2\pi}\right)}{\pi \dfrac{n\phi_I}{2\pi}}$$

$$= e^{-jn\varphi} \phi_I \text{sinc}\left(\frac{n\phi_I}{2\pi}\right) \qquad (B-10)$$

然后再处理式(B-8)的第二个积分为

$$\int_{1-B_r/2}^{1+B_r/2} \kappa J_n(\kappa\rho) d\kappa = \frac{1}{\rho}\left\{-\kappa J_{n-1}(\kappa\rho)\Big|_{1-B_r/2}^{1+B_r/2} + n\int_{1-B_r/2}^{1+B_r/2} J_{n-1}(\kappa\rho) d\kappa\right\}$$

$$(B-11)$$

将式(B-11)代入式(B-8)中得

$$h(\rho,\varphi) = \left(\frac{k_c}{2\pi}\right)^2 \sum_{n=-\infty}^{\infty} j^n \int_{-\phi_I/2}^{\phi_I/2} e^{jn(\phi-\varphi)} d\phi \frac{1}{\rho} \left\{ -\kappa J_{n-1}(\kappa\rho) \Big|_{1-B_r/2}^{1+B_r/2} + n \int_{1-B_r/2}^{1+B_r/2} J_{n-1}(\kappa\rho) d\kappa \right\}$$

$$= \left(\frac{k_c}{2\pi}\right)^2 \frac{1}{\rho} \left\{ -\sum_{n=-\infty}^{\infty} j^n \int_{-\phi_I/2}^{\phi_I/2} e^{jn(\phi-\varphi)} d\phi \times \kappa J_{n-1}(\kappa\rho) \Big|_{1-B_r/2}^{1+B_r/2} + \right.$$

$$\left. \sum_{n=-\infty}^{\infty} n j^n \int_{-\phi_I/2}^{\phi_I/2} e^{jn(\phi-\varphi)} d\phi \times \int_{1-B_r/2}^{1+B_r/2} J_{n-1}(\kappa\rho) d\kappa \right\} \tag{B-12}$$

再将式(B-10)代入式(B-12)中的第一个累加项,可得

$$-\sum_{n=-\infty}^{\infty} j^n \int_{-\phi_I/2}^{\phi_I/2} e^{jn(\phi-\varphi)} d\phi \times \kappa J_{n-1}(\kappa\rho) \Big|_{1-B_r/2}^{1+B_r/2}$$

$$= -\sum_{n=-\infty}^{\infty} j^n e^{-jn\varphi} \phi_I \text{sinc}\left(\frac{n\phi_I}{2\pi}\right) \times \kappa J_{n-1}(\kappa\rho) \Big|_{1-B_r/2}^{1+B_r/2}$$

$$= e^{-j\varphi} \phi_I \sum_{n=-\infty}^{\infty} \frac{j^n}{e^{j(n-1)\varphi}} \text{sinc}\left(\frac{n\phi_I}{2\pi}\right)$$

$$\left\{ -\left(1+\frac{B_r}{2}\right) J_{n-1}\left[\left(1+\frac{B_r}{2}\right)\rho\right] + \left(1-\frac{B_r}{2}\right) J_{n-1}\left[\left(1-\frac{B_r}{2}\right)\rho\right] \right\} \tag{B-13}$$

将式(B-9)代入式(B-12)中的第二个累加项,可得

$$\sum_{n=-\infty}^{\infty} n j^n \int_{-\phi_I/2}^{\phi_I/2} e^{jn(\phi-\varphi)} d\phi \times \int_{1-B_r/2}^{1+B_r/2} J_{n-1}(\kappa\rho) d\kappa$$

$$= \sum_{n=-\infty}^{\infty} n j^n e^{-jn\varphi} \frac{e^{jn\phi_I/2} - e^{-jn\phi_I/2}}{jn} \times \int_{1-B_r/2}^{1+B_r/2} J_{n-1}(\kappa\rho) d\kappa$$

$$= \int_{1-B_r/2}^{1+B_r/2} \sum_{n=-\infty}^{\infty} j^{n-1} e^{-jn\varphi} (e^{jn\phi_I/2} - e^{-jn\phi_I/2}) J_{n-1}(\kappa\rho) d\kappa$$

$$= \int_{1-B_r/2}^{1+B_r/2} \left(\sum_{n=-\infty}^{\infty} j^{n-1} e^{-jn\varphi} e^{jn\phi_I/2} J_{n-1}(\kappa\rho) - \sum_{n=-\infty}^{\infty} j^{n-1} e^{-jn\varphi} e^{-jn\phi_I/2} J_{n-1}(\kappa\rho) \right) d\kappa$$

$$= \int_{1-B_r/2}^{1+B_r/2} \left(e^{j(\phi_I/2-\varphi)} \sum_{n=-\infty}^{\infty} j^{n-1} e^{j(n-1)(\phi_I/2-\varphi)} J_{n-1}(\kappa\rho) - \right.$$

$$\left. e^{j(-\phi_I/2-\varphi)} \sum_{n=-\infty}^{\infty} j^{n-1} e^{j(n-1)(-\phi_I/2-\varphi)} J_{n-1}(\kappa\rho) \right) d\kappa$$

$$\tag{B-14}$$

利用式(B-6),式(B-14)可继续整理为

$$\sum_{n=-\infty}^{\infty} nj^n \int_{-\phi_l/2}^{\phi_l/2} e^{jn(\phi-\varphi)} d\phi \times \int_{1-B_r/2}^{1+B_r/2} J_{n-1}(\kappa\rho) d\kappa$$

$$= \int_{1-B_r/2}^{1+B_r/2} (e^{j(\phi_l/2-\varphi)} e^{j\kappa\rho\cos(\phi_l/2-\varphi)} - e^{j(-\phi_l/2-\varphi)} e^{j\kappa\rho\cos(-\phi_l/2-\varphi)}) d\kappa$$

$$= e^{j(\phi_l/2-\varphi)} \int_{1-B_r/2}^{1+B_r/2} e^{j\kappa\rho\cos(\phi_l/2-\varphi)} d\kappa - e^{-j(\phi_l/2+\varphi)} \int_{1-B_r/2}^{1+B_r/2} e^{j\kappa\rho\cos(\phi_l/2+\varphi)} d\kappa$$

(B-15)

式中：$\int_{1-B_r/2}^{1+B_r/2} e^{j\kappa\rho\cos(\phi_l/2-\varphi)} d\kappa$ 形式与式(B-10)相同,积分结果化为 sinc 函数形式为

$$\int_{1-B_r/2}^{1+B_r/2} e^{j\kappa\rho\cos(\phi_l/2-\varphi)} d\kappa = \frac{e^{j\rho\cos(\phi_l/2-\varphi)(1+B_r/2)} - e^{j\rho\cos(\phi_l/2-\varphi)(1-B_r/2)}}{j\rho\cos(\phi_l/2-\varphi)}$$

$$= \frac{e^{j\rho\cos(\phi_l/2-\varphi)} [e^{j\rho\cos(\phi_l/2-\varphi)B_r/2} - e^{-j\rho\cos(\phi_l/2-\varphi)B_r/2}]}{j\rho\cos(\phi_l/2-\varphi)}$$

$$= e^{j\rho\cos(\phi_l/2-\varphi)} \frac{2j\sin(\rho\cos(\phi_l/2-\varphi)B_r/2)}{j\rho\cos(\phi_l/2-\varphi)}$$

$$= e^{j\rho\cos(\phi_l/2-\varphi)} \frac{B_r}{2} \frac{2\sin\left(\pi \dfrac{\rho\cos(\phi_l/2-\varphi)B_r/2}{\pi}\right)}{\pi \dfrac{\rho\cos(\phi_l/2-\varphi)B_r/2}{\pi}}$$

$$= e^{j\rho\cos(\phi_l/2-\varphi)} B_r \mathrm{sinc}\left(\frac{B_r\cos(\phi_l/2-\varphi)\rho}{2\pi}\right) \quad (B-16)$$

同理可得

$$\int_{1-B_r/2}^{1+B_r/2} e^{j\kappa\rho\cos(\phi_l/2+\varphi)} d\kappa = e^{j\rho\cos(\phi_l/2+\varphi)} B_r \mathrm{sinc}\left(\frac{B_r\cos(\phi_l/2+\varphi)\rho}{2\pi}\right)$$

(B-17)

将式(B-16)、式(B-17)代入式(B-15),可得

$$\sum_{n=-\infty}^{\infty} n j^n \int_{-\phi_I/2}^{\phi_I/2} e^{jn(\phi-\varphi)} d\phi \times \int_{1-B_r/2}^{1+B_r/2} J_{n-1}(\kappa\rho) d\kappa$$

$$= e^{j(\phi_I/2-\varphi)} e^{j\rho\cos(\phi_I/2-\varphi)} B_r \mathrm{sinc}\left(\frac{B_r \cos(\phi_I/2-\varphi)\rho}{2\pi}\right) -$$

$$e^{-j(\phi_I/2+\varphi)} e^{j\rho\cos(\phi_I/2+\varphi)} B_r \mathrm{sinc}\left(\frac{B_r \cos(\phi_I/2+\varphi)\rho}{2\pi}\right) \qquad (B-18)$$

$$= B_r e^{-j\varphi} \left\{ e^{j[\rho\cos(\phi_I/2-\varphi)+\phi_I/2]} \mathrm{sinc}\left(\frac{B_r \cos(\phi_I/2-\varphi)\rho}{2\pi}\right) - \right.$$

$$\left. e^{j[\rho\cos(\phi_I/2+\varphi)-\phi_I/2]} \mathrm{sinc}\left(\frac{B_r \cos(\phi_I/2+\varphi)\rho}{2\pi}\right) \right\}$$

将式(B-13)、式(B-18)代入式(B-12),整理后所得点目标函数为

$$h(\rho,\varphi) = \left(\frac{k_c}{2\pi}\right)^2 \frac{e^{-j\varphi}}{\rho} \left\{ \phi_I \sum_{n=-\infty}^{\infty} \frac{j^n}{e^{j(n-1)\varphi}} \mathrm{sinc}\left(\frac{n\phi_I}{2\pi}\right) \right.$$

$$\left\{ -\left(1+\frac{B_r}{2}\right) J_{n-1}\left[\left(1+\frac{B_r}{2}\right)\rho\right] + \left(1-\frac{B_r}{2}\right) J_{n-1}\left[\left(1-\frac{B_r}{2}\right)\rho\right] \right\} +$$

$$\left. B_r \begin{cases} e^{j[\rho\cos(\phi_I/2-\varphi)+\phi_I/2]} \mathrm{sinc}\left(\frac{B_r \cos(\phi_I/2-\varphi)\rho}{2\pi}\right) - \\ e^{j[\rho\cos(\phi_I/2-\varphi)-\phi_I/2]} \mathrm{sinc}\left(\frac{B_r \cos(\phi_I/2+\varphi)\rho}{2\pi}\right) \end{cases} \right\} \qquad (B-19)$$